煤化工事故
灭火救援技术

魏捍东 ◎ 主编

闫胜利 朱志祥 郝 伟 ◎ 副主编

MEIHUAGONG SHIGU
MIEHUO JIUYUAN JISHU

化学工业出版社
·北京·

本书结合实战，总结了针对煤化工事故处置的灭火救援经验，针对不同事故的火灾特点，提出了处置相应事故时的理念、原则、程序、战法及注意事项，做到了消防与工艺相结合、防火与灭火相结合、理论与实际相结合，具有较强的专业性、系统性、创新性和指导性。书中内容具体包括煤制甲醇、煤制天然气、煤制油、煤制烯烃、煤制乙二醇及煤制芳烃、煤制合成氨和煤焦化/煤基多联产生产事故灭火救援等。此外，针对目前处置化工类火灾车辆器材装备存在的问题，编写了相应的配备方法供读者参考。

本书可作为安全和消防专业的教材，也可供相关专业技术人员和管理人员学习参考。

图书在版编目（CIP）数据

煤化工事故灭火救援技术/魏捍东主编. —北京：化学工业出版社，2019.7（2019.10重印）
ISBN 978-7-122-34291-1

Ⅰ.①煤… Ⅱ.①魏… Ⅲ.①煤化工-火灾事故-灭火-技术 Ⅳ.①TQ53

中国版本图书馆 CIP 数据核字（2019）第 067496 号

责任编辑：韩庆利　　　　　　　　　文字编辑：张绪瑞
责任校对：边　涛　　　　　　　　　装帧设计：史利平

出版发行：化学工业出版社（北京市东城区青年湖南街 13 号　邮政编码 100011）
印　　装：中煤（北京）印务有限公司
787mm×1092mm　1/16　印张 8¼　字数 185 千字　2019 年 10 月北京第 1 版第 2 次印刷

购书咨询：010-64518888　　售后服务：010-64518899
网　　址：http://www.cip.com.cn
凡购买本书，如有缺损质量问题，本社销售中心负责调换。

定　　价：49.00 元

版权所有　违者必究

《煤化工事故灭火救援技术》
编写人员

主　编　魏捍东

副主编　闫胜利　朱志祥　郝　伟

参　编　何　宁　张宏宇　赵　洋

　　　　刘洪强　林　佳　傅柄棋

我国能源结构呈现出明显的"富煤、贫油、少气"资源特点,煤炭在我国能源结构中的占比,决定了煤化工在我国化学工业中的特殊地位,发展现代煤化工对于促进我国石化原料多元化、保障能源战略安全、促进资源地区经济转型发展和加速推进我国化学工业现代化均意义重大。近年来,随着经济社会的不断发展,我国现代煤化工行业发展迅猛。与石油化工相比,现代煤化工工艺成熟度相对较低,加工链长,工艺条件更加苛刻,火灾安全风险与日俱增,煤化工行业安全形势日趋严峻。

煤化工涉及"固、液、气"三相的转变,工艺流程复杂,一旦发生事故,除具有常规石油化工及危险化学品处置的火灾风险性外,还有可能发生粉尘爆炸,且煤气化厂房多为封闭、半封闭构造,醇、酯、醚、酮等水溶性介质较多,处置难度大,易发生爆炸、燃烧、毒害、污染等多种形式并存的、大规模的复杂灾情,易造成人员大量伤亡、巨额财产损失和重大环境破坏。

为着力破解煤化工事故灭火救援难题,应急管理部消防救援局于2018年3月至10月组织煤化工主产地总队业务骨干开展了专项调研,为认真总结调研研究成果,推广实战性、实用性的技战法,指导消防救援队伍开展煤化工灭火救援针对性训练,全面提升煤化工灾害事故处置能力,应急管理部消防救援局战训处专门组织消防高等专科学校专业教员和部分总队业务骨干,编写完成了《煤化工事故灭火救援技术》,并与《石油化工事故灭火救援技术》互为补充和对照。

全书以现代煤化工和传统煤化工进行分类,第二至七章属于现代煤化工范围,主要对煤制甲醇、煤制天然气、煤制油、煤制烯烃、煤制乙二醇及煤制芳烃生产事故灭火救援进行介绍;第八、九章主要对煤制合成氨和煤焦化/煤基多联产生产事故灭火救援进行介绍。第十章为针对煤化工事故处置的装备配备参考。本书由魏捍东任主编,闫胜利、朱志祥、郝伟任副主编,何宁、张宏宇、赵洋、刘洪强、林佳、傅柄棋参加编写。其中第一章由郝伟、何宁编写,第二章由张宏宇、傅柄棋编写,第三章由朱志祥、何宁、刘洪强编写,第四章由刘洪强、林佳、傅柄棋编写,第五章由赵洋、林佳编写,第六章由朱志祥、张宏宇、刘洪强编写,第七章由张宏宇、傅柄棋编写,第八章由闫胜利、何宁、刘洪强编写,第九章由闫胜利、赵洋、傅柄棋编写,第十章由闫胜利、林佳编写。

本书在编写过程中,得到了内蒙古消防救援总队、新疆消防救援总队、陕西消防救援总队、宁夏消防救援总队及消防高等专科学校等各有关方面的大力支持,在此一并表示感谢。因时间仓促、水平有限,不当之处,恳请批评指正。

编 者

2019年3月

目录

Contents

煤炭被誉为"黑色的金子，工业的食粮"，是 18 世纪以来人类世界使用的主要能源之一。工业革命后，煤炭作为人类的第一能源被大规模开采并开始走上工业化道路。第一次世界大战期间，钢铁工业高速发展，同时作为火药、炸药原料的氨、苯及甲苯也很急需，促成了炼焦工业的进一步发展。进入"石油时代"后，煤炭的价值有所下降，但仍是生产生活必不可缺的能量来源之一。"石油危机"使世界石油化学工业的发展深受石油价格猛涨的影响，以煤炭生产液体燃料及化学品的方法重新受到重视。特别是 20 世纪 90 年代以来，国际石油价格剧烈波动，各国加紧了以煤为原料的化学工业研发，在煤气化、煤液化、碳一化学等方面开发了一系列战略性储备技术。进入 21 世纪，油价不断攀升，石油原料紧缺和成本居高不下，促使煤转化利用进入新一轮的发展时期，大规模煤气化技术、大型甲醇合成技术、甲醇制烯烃、合成油等石油替代技术的开发和工业化进程不断加快，世界煤化工产业进入了全新的阶段。

在我国能源探明储量中，煤炭占 94%，石油占 5.4%，天然气占 0.6%，呈现出明鲜的"富煤、贫油、少气"资源特点，决定了我国以煤为主的能源格局将长期占据主导地位。煤炭的供应也关系到我国的工业乃至整个社会方方面面的发展稳定，煤炭的供应安全问题也是我国能源安全中最重要的一环。石化产品是国民经济发展的重要基础原料，市场需求巨大，但受油气资源约束，对外依存度较高。据国家发改委与工业和信息化部统计，2015 年，我国原油、天然气、乙烯、芳烃和乙二醇对外依存度分别高达 60.8%、31.5%、50.4%、55.9% 和 66.9%。但我国煤炭资源相对丰富，适度发展现代煤化工产业，对于保障石化产业安全、促进石化原料多元化具有重要作用。

现代煤化工作为我国的新兴能源产业，近几年来安全事故呈现多发态势，如 2013 年陕西神木天效隆鑫化工煤焦油储罐火灾、2016 年内蒙古大唐多伦煤化工甲醇罐爆炸、2017 年新疆哈密广汇新能源煤气化装置火灾，以及 2018 年 1 月山西长治潞安矿业油品加氢裂化单元火灾、2 月宁夏神华宁煤集团乙烯管道爆炸火灾。煤化工产业在我国化工行业中的独特地位和高速发展，给灭火救援工作提出了新课题，带来了新挑战。由于本书旨在贴近实战，因此选取目前产能规模较大或今后国家将大力发展的典型煤化工工艺路线进行研究总结，以期做好灭火救援理论、技战术准备工作。本书以现代煤化工和传统煤化工进行分类，第二至七章属于现代煤化工范围，主要对煤制甲醇、煤制天然气、煤制油、煤制烯烃、煤制乙二醇及煤制芳烃生产事故灭火救援进行介绍；第八、九章主要对煤制合成氨和煤焦化/煤基多联产生产事故灭火救援进行介绍。

本章主要介绍了煤的相关基础知识，煤化工在我国的分布和产业定位，同时着重阐述了煤化工的火灾事故特点及处置的基本程序、战法，为救援队伍处置煤化工火灾事故、预案演练等工作提供参考。

第一节　煤的基础知识

煤是煤化工行业最核心、最基础、最根本的原料。煤炭是千百万年来植物的枝叶和根茎，在地面上堆积而成的一层极厚的黑色的腐殖质，由于地壳的变动不断地被埋入地下，长期与空气隔绝，并在高温高压下，经过一系列复杂的物理化学变化等因素，形成的黑色可燃沉积岩。了解煤的基础知识对于掌握煤化工工艺选煤、火灾危险性的分析具有重要意义。

一、煤的化学组成

由于成煤物质和成煤条件的不同，使得煤与煤之间的性质千差万别，不仅不同煤田的煤质差别较大，即使是同一煤田不同煤层的煤质，差异也很明显，这与它的化学组成和分子结构密切相关。从化学的观点出发，煤可分为有机组成和无机组成两部分。有机组成主要是碳、氢、氧、氮、硫等元素组成的高分子有机化合物，这是煤的主要组成部分，也是煤炭加工利用的主要对象；无机组成包括矿物质和水，多数情况下它们是对煤的加工利用起不良影响的有害成分。

为了指导煤炭加工利用，通常采用较为简单的办法分析和研究煤的有机组成和无机组成，主要有工业分析、元素分析、灰分分析和溶剂萃取等方法。

（一）煤的工业分析

通过工业分析，可以大致了解煤中有机质的含量及发热量的高低，从而初步判断煤的性质、种类和工业用途，还可计算煤的发热量和焦化产品的产率等，因其分析方法比较简便，故应用较为广泛。煤的工业分析的基本内容包括水分、灰分、挥发分和固定碳分析，以及煤的热值和硫含量的测定。

1. 水分

煤是多孔性固体，含有一定的水分。水分是煤中的无机组分，其含量和存在状态与煤的内部结构及外界条件有关。一般而言，水分的存在不利于煤的加工利用。按其在煤中存在的状态，可以分为外在水分、内在水分和化合水三种。煤的外在水分又称自由水分或表面水分，是指煤在开采、运输、储存和洗选过程中，附着在煤中的水分。该水分以机械方式和煤结合，在常温下较易失去。内在水分也称为空气干燥基内在水分，指在一定条件下达到空气干燥状态时所保留的游离水分。该水分以物理化学方式与煤结合，在室温下这部分水分较难失去，加热至105～110℃时才能蒸发。煤的外在水分和内在水分以机械方式及物理化学方式与煤结合，通常称为游离水，煤中的游离水在常压下105～110℃经短时间干燥即可全部蒸发。煤中的化合水又称结晶水和结合水，是指以化学方式与物质结合、有严格的分子比，在全水分（全水分，是内在水分和外在水分的总和）测定后仍保留下来的水分。化合水含量一般较少，在 200℃ 以上的高温下才能析出。

通常来说，过高的水分不利于煤的利用和运输，是煤中的有害组成，这是因为：煤的燃烧、气化和其他利用过程中，水分升温要吸收大量热量，降低利用效率；在煤炭运程中，水分高意味着运力的浪费。但适量的水分有利于减少运输和储存过程中煤粉尘的产生，可以减少煤的损失，降低煤粉对环境的污染。

2. 灰分

煤的灰分是由煤中的矿物质在高温条件下转化而来的，煤的矿物质是指煤中的物质，主要包括黏土或页岩、方解石、黄铁矿以及其他微量成分，不包括游离水，但包括化合水。灰分全部来自矿物质，但组成和质量又不同于矿物质，煤的灰分和煤中矿物质关系密切，对煤炭利用有直接影响，工业上常用灰分产率估算煤中矿物质的含量。矿物质在高温下经分解、氧化、化合等化学反应之后转化为灰分。作为能源或化工原料使用时，煤中的矿物质或灰分是不利的甚至是有害的，必须尽量除去。

3. 挥发分和固定碳

煤的挥发分和固定碳反映了煤的有机质的组成特点，是煤的主体。煤的挥发分在煤炭的工业生产和性质研究工作中起重要作用，是了解煤的性质和用途的一个最基本、最重要的指标。

在高温条件（900℃±10℃）下，将煤隔绝空气加热一段时间，煤的有机质发生热解反应，形成部分小分子化合物，在测定条件下呈气态析出，其余有机质则以固体形式残留下来。有机质热解形成并呈气态析出的化合物称为挥发物，主要由水分、碳、氢的氧化物和碳氢化合物（以 C_4 为主）组成，但不包括物理吸附水和矿物质中的二氧化碳。该挥发物占煤样质量的百分数称为挥发分，以符号 V 表示。以固体形式残留下来的有机质占煤样质量的百分数称为固定碳，即从煤中除去水分、灰分和挥发分后的残留物，以符号 F_C 表示。固定碳和挥发分一样不是煤中固有的成分，而是热解的产物。在组成上，固定碳除含有碳元素外，还包含氢、氧、氮和硫等元素。因此，固定碳与煤中有机质的碳元素含量是两个不同的概念。

（二）煤的元素分析

主要用于了解煤的元素组成。元素分析结果是对煤进行科学分类的主要依据，在工业上可作为计算发热量、干馏产物的产率和热量平衡的依据。构成煤炭有机质的元素主要有碳、氢、氧、氮和硫等，此外，还有极少量的磷、氟、氯和砷等元素。

碳是煤中质量百分含量最高的元素，构造了煤炭大分子骨架，是煤在燃烧过程中产生热量的最主要元素；同时，煤中还存在着少量的无机碳，主要来自碳酸盐类矿物，如石灰岩和方解石等。碳是煤中最重要的组分，其含量随煤化程度的加深而增高。泥炭中碳含量为 $50\%\sim60\%$，褐煤为 $60\%\sim70\%$，烟煤为 $74\%\sim92\%$，无烟煤为 $90\%\sim98\%$。

氢是煤中第二重要的元素，是组成煤炭分子的骨架和侧链不可缺少的重要元素。主要存在于煤分子的侧链和官能团上，在有机质中的含量约为 $2.0\%\sim6.5\%$。在煤的矿物质中也含有少量的无机氢，它主要存在于矿物质的结晶水中。

氧是煤中第三重要的元素，以有机和无机两种形态存在。有机氧主要存在于含氧官能团中，如羧基、羟基、甲氧基和羰基等中；无机氧主要存在于煤中的水分、硅酸盐、碳酸盐、硫酸盐和氧化物等中。

煤中的氮元素含量较少，一般为 $0.5\%\sim1.8\%$，是煤中唯一的完全以有机状态存在的元素，在煤中主要以胺基、亚胺基、五元杂环和六元杂环等形式存在。

硫是煤中主要的有害元素，主要存在形态是无机硫和有机硫，两者合称为全硫。煤中无机硫主要来自矿物质中各种含硫化合物，主要有硫化物硫和少量硫酸盐硫，偶尔也有硫元素存在。煤中的硫对于炼焦、气化、燃烧和储运都十分有害。因此硫含量是评价煤质的重要指标之一。

二、煤的分类

煤的工业分类主要根据是煤化程度。煤化作用的深浅程度称为煤阶，或称煤级。根据煤的煤化程度和工艺性能指标把煤划分成褐煤（HM）、烟煤（YM）和无烟煤（WY）三大类。根据煤的工艺性能指标和用途的不同，烟煤又可细分为长焰煤、不黏煤、弱黏煤、1/2中黏煤、气煤、气肥煤、1/3焦煤、肥煤、焦煤、瘦煤、贫瘦煤和贫煤等。我国煤炭最新分类可参照 GB 5751—2009《中国煤炭分类》。

（一）褐煤（HM）

褐煤是煤化程度最低的煤，外观呈褐色或黑褐色，相对密度 $1.1\sim1.4$，其特点是水分高、孔隙度大、碳含量低、挥发分高、热值低，含有不同数量的腐殖酸。水分是褐煤最显著的特征之一，也是对其使用影响最重要的参数之一。

（二）烟煤（YM）

烟煤煤化程度高于褐煤而低于无烟煤。呈灰黑至黑色，具有沥青光泽至金刚光泽，通常有条带状结构。挥发分为 $10\%\sim40\%$，一般随煤化程度增高而降低。碳含量为 $76\%\sim92\%$，发热量较高，热值为 $17\sim37MJ/kg$。挥发分含量中等的称为中烟煤；较低的称为次烟煤。一般为块状、小块状，也有粉状的，多呈黑色而有光泽，质地细致，燃点不太高，较易点燃；含碳与发热量较高，燃烧时上火快，火焰长，有大量黑烟，燃烧时间较长；大多数烟煤有黏性，燃烧时易结渣。烟煤储量丰富，用途广泛，可作为炼焦用煤、动力燃料、高炉喷粉，同时，由于烟煤的热值较高，成浆性较好，灰含量适中，是理想的气化用煤。

① 贫煤是煤化程度最高的烟煤，受热时几乎不产生胶质体，所以叫贫煤。含碳量高达 $90\%\sim92\%$，燃点高，火焰短，发热量高，持续时间长，主要用于动力和民用。

② 瘦煤是煤化程度最高的炼焦煤。特性和贫煤一样，区别是加热时产生少量的胶质体，能单独结焦。因胶质体少，所以称瘦煤。灰熔性差，多用于炼焦。

③ 1/3焦煤是介于焦煤、肥煤与气煤之间的含中等或较高挥发分的强黏结性煤。单独炼焦时，能生成强度较高的焦炭。

④ 气肥煤是挥发分高、黏结性强的烟煤。单独炼焦时，能产生大量的煤气和胶质体，但不能生成强度高的焦炭。

⑤ 1/2中黏煤是黏结性介于气煤和弱黏煤之间的、挥发分范围较宽的烟煤。

⑥ 贫瘦煤是变质程度高、黏结性较差、挥发分低的烟煤。结焦性低于瘦煤。

⑦ 焦煤是结焦性最好的炼焦煤，也称主焦煤。中等挥发分，一般为 $18\%\sim30\%$，大多

能单独炼焦，主要是炼焦用。

⑧ 气煤是煤化程度最底的炼焦煤，干燥无灰基挥发分均大于 30%，胶质层最大厚度为 5～25mm，隔绝空气加热能产生大量煤气和焦油。主供炼焦，也作为动力煤和气化用煤。煤质低灰低硫，可选性好，是我国炼焦煤中储量最多的一种。

⑨ 肥煤是中等煤化程度的烟煤，高于气煤。挥发分一般为 24%～40%，胶质层最大厚度大于 25mm，软化温度低，有很强的黏结能力，是配煤炼焦的重要成分。主要用于炼焦，也作动力用煤。

⑩ 弱黏煤是黏结性较弱、煤化程度较低的煤，介于炼焦煤和非炼焦煤之间，结焦性较好，低灰低硫高热量，可选性较好。部分炼焦，大部分作动力煤和民用煤。

⑪ 不黏煤挥发分相当于肥煤和肥气煤，但几乎没有黏结性，水分高，发热量低，主要作动力煤。

⑫ 长焰煤是煤化程度仅高于褐煤的最年轻烟煤，挥发分高，水分高，不黏，主要是发电和其他动力用煤。

（三）无烟煤（WY）

无烟煤是煤化程度最高的煤。其特点归纳为三最低、五最高、一较高。三最低是氢含量、氧含量和挥发分最低；五最高是碳含量、硬度、燃点、密度和煤级最高；一较高是发热量较高。无烟煤相对密度达到 1.35～1.90，无黏结性，燃点高，一般在 370～420℃燃烧时不冒烟，持续燃烧时间长。无烟煤除了作民用煤球和蜂窝煤较为合适外，还主要用于制造化肥、高炉喷吹和动力用煤。

三、煤的洗选

世界上原煤种类繁多，不同矿区的原煤，其组成和性质不同，即使是同一煤矿，由于地质原因，不同时期在不同地层开采的原煤的理化性质也可能出现差异。同一煤矿同一时期，由于煤矿开采、输送工艺的不同，其商品煤虽然在性质方面具有很多共同点（灰组成、灰熔点、元素组成等），但在粒度、抗碎强度等机械性质方面存在较大差异。同时，由于煤矿洗选工艺的不同，其商品煤（洗精煤和洗末煤）在性质方面具有很多差异（灰分、灰熔点、水分、灰组成、硫含量）。

对于煤化工行业来说，原煤需要经过洗选加工后再送至煤化工厂区，为了使不同性质的煤得到合理利用，最大程度地发挥其使用价值，不同的煤需要采用不同的加工利用方案，因此准确掌握原料煤性质对煤在炼焦、发电、气化、液化等行业中的利用至关重要。

利用煤和杂质在物理、化学性质方面的差异，通过物理、化学或微生物分选的方法使煤和杂质有效分离，并加工成质量均匀、用途不同的煤炭产品的技术，称为煤炭洗选。煤炭洗选加工原理一般有物理选煤、化学选煤、物理化学选煤、微生物选煤等。

（一）物理选煤

物理选煤主要是根据煤炭及其含有杂质的物理特性进行选煤，物理学理论是这种选煤方式的主要依据。如在物理选煤中常常参照粒度、密度、硬度、磁性、电性等物理特性，将煤炭与杂质区分开来。如重力选煤、跳汰选煤、重介质选煤、电磁选煤（利用煤和杂质的电磁性能差异选煤）等。

（二）化学选煤

化学选煤通常都是结合煤炭、杂质的化学特性，制订各种不同的化学反应方案，以此来达到洗煤加工的效果。化学选煤的根本原理是借助化学反应使煤中有用成分富集，将煤炭中的杂质、有害成分全面清理的一套工艺。此外，从整个煤化工产业链来看，化学洗煤是对原煤进行"脱硫"的重要过程。按选择的化学药剂种类和反应原理，化学选煤方法包括碱处理、氧化法和溶剂萃取等方法。

（三）物理化学选煤

物理化学选煤是将煤炭及杂质的物理特性、化学特性等融合起来，形成一个综合性的煤炭洗选方案。常用的方法是"浮游选煤"，它是按照矿物表面物理化学性质的差别进行分选，采用这种工艺处理要配合相关的机械设备，如机械搅拌式浮选、无机械搅拌式浮选等，这是保证洗选加工质量的前提条件，对企业的生产加工设备有一定的要求。

（四）微生物选煤

微生物选煤是用某些自养性和异养性微生物，直接或间接地利用其代谢产物从煤中溶浸硫，从而实现煤炭脱硫效果。

四、煤化工工艺选煤

（一）煤气化用煤

煤气化技术是现代煤化工的核心工艺点，本书第二章将进行详细介绍。本节主要介绍煤气化技术的选煤。对于不同的煤种、不同的产品，相对应的煤气化工艺也有所不同。学术上，按煤在气化炉中的流体力学行为，可分为固定床气化、流化床气化及气流床气化三种技术。煤气化原料共有三种形式：粉煤、碎煤和水煤浆。

（1）固定床气化　常压法要求使用块煤，低灰熔点的煤难以使用。加压法对煤种适应性有所提高，适合于处理灰分高、水分高的块粒状褐煤。从固定床气化工艺来讲，煤的透气性和均匀性至关重要，而煤的机械强度、热稳定性、黏结性和结渣性等都与透气性有关，因此相比其他工艺固定床气化技术煤种适应性较弱。

（2）流化床气化　适用于褐煤、不黏煤、弱黏煤直至中等黏结性的烟煤，煤粒的允许粒度范围较宽。

（3）气流床气化

① 水煤浆气化技术。煤质对水煤浆气化的影响主要表现在水煤浆的质量，一般要求水煤浆具有较高的浓度（59%～65%）、较好的稳定性及较好的流动性（黏度<1200cP，$1cP=10^{-3}Pa\cdot s$）。

② 干粉煤气化技术。煤种适应性比较广，原则上从无烟煤、烟煤、褐煤到石油焦均可气化。

（二）煤直接液化用煤

煤直接液化工艺对煤质是有一定要求的，不是任何煤都可以使用。选择适宜的煤直接液化煤种应考虑以下要求。

① 煤中的灰分应小于5%。在煤加氢液化反应过程中，煤中矿物质易结垢、沉积，降低反应设备的传热效果，增加反应设备的非生产负荷，灰渣易磨损设备，又因分离困难而造成油收率的减少，影响反应过程中正常操作。因此加氢液化原料煤的灰分含量越低越好，最好小于5%。

② 煤中的挥发分大于35%。煤中挥发分可用来指示煤阶高低，煤越年轻，挥发分越高，就越易液化，通常选挥发分大于35%的煤作为煤直接液化煤种。换言之，液化用煤通常选用高挥发分的烟煤和褐煤。

③ 煤中的氢含量越高越好，氧的含量越低越好，它可以减少加氢的供气量，也可以减少生成的废水，减少环境污染，提高经济效益。具有较高H/C原子比的煤种较易液化，反之较难液化。然而并不是H/C原子比越高越好，原因是煤中H/C原子比高到一定程度后，煤中氧含量会随着增加，这将会导致煤加氢液化反应过程中氢耗和废水产率增加，并降低油收率。煤直接液化用煤要选用H/C比例大于0.8的煤。

（三）煤焦化用煤

煤干馏时温度不同，得到的焦炭性质也不相同，一般分为全焦和半焦。

相对于半焦，全焦的煤种适应相对宽泛。为保证焦炭质量，选择炼焦用煤的最基本要求是考察它的挥发分、黏结性和结焦件，保证尽可能低的灰分、硫分和磷含量。因此，绝大部分炼焦用煤必经过洗选。炼焦用煤必须具有良好的结焦性，通常用具有黏结性的气煤、肥煤、焦煤和瘦煤（或其中的两三种）按比例配成炼焦原料。随着工业技术的发展，为扩大炼焦用煤资源，长焰煤、弱黏煤、不黏煤、贫煤和无烟煤等也可以少量地参与炼焦。除黏结性外，炼焦用煤要求低灰（空气干燥基挥发份 $V_{ad} \leq 10\%$）、低硫（干燥基全硫 $S_{t,d} < 1.0\%$）和低磷（P<0.02%），以保证获得高强度、低杂质的优质焦炭。

半焦又称兰炭、焦粉，是利用神府、榆林、东胜煤田盛产的优质侏罗精煤块烧制而成的，结构为块状，粒度一般在3mm以上，颜色呈浅黑色。

第二节　煤化工产业概述

本节主要介绍我国煤炭资源的分布、煤化工产业布局、趋势及煤化工产业链，通过对比石油化工与煤化工的区别，为下一节的学习奠定基础。

一、中国煤炭资源分布

我国富煤、贫油、少气的自然资源基本特征，决定了煤炭在一次能源中占重要地位。我国煤炭资源总量占世界总储量的11.67%，位居世界第三。我国的煤炭资源分布范围很广，除上海外，其他省（区）市均有探明储量，但分布很不均匀，总体格局是西多东少、北富南贫，主要集中分布在新疆、山西、内蒙古、陕西、宁夏、云南、贵州等省和自治区。

我国煤炭资源量大于 10^6 Mt 的省区有新疆、内蒙古两个自治区，占全国煤炭资源量的60.42%。我国煤炭资源量大于 10^5 Mt 的省区有8个，占全国煤炭资源总量的91.12%。

二、煤化工定义和主要产业链

（一）煤化工基本概念

煤化工是以煤为原料，经过化学加工使煤转化为气体、液体、固体三种形态的化学品，生产出社会需要的各种化工产品的工业。

煤中有机质的基本结构单元，是以芳香族稠环为核心，周围连有杂环及各种官能团的大分子。这种特定的分子结构使它在隔绝空气的条件下，通过热加工和催化加工，能获得固体产品如焦炭或半焦，同时还可得到大量的煤气（包括合成气），及具有经济价值的化学品和液体燃料（如烃类、醇类、氨、苯、甲苯、二甲苯、萘、酚、吡啶、蒽、菲、咔唑等）。此外，也可以通过部分氧化的方法得到合成气，再加工成其他化学品。因此，煤化工的发展包含着能源和化学品生产两个重要方面，两者相辅相成。按照产业发展成熟度和发展历程，煤化工可分为传统煤化工和现代煤化工两大类。

煤的热解工艺在煤化工中占据重要地位，传统煤化工采取煤的高温干馏或煤气化进行热解，而现代煤化工则采取更为先进的煤气化技术对煤进行热解。

煤的气化在煤化工中占有重要地位，传统煤化工与现代煤化工所采用的煤气化技术不同，传统煤化工气化技术一般采用固定床，而现代煤化工气化技术则采用流化床，温度、压力更高，更适合大规模工业化生产。

1. 传统煤化工

传统煤化工主要包括煤的焦化、小型煤气化制甲醇、煤气化制合成氨及制尿素，化工产品主要包括合成氨、甲醇、焦炭（半焦和全焦）等主要产品。在煤化工的生产技术中，炼焦是应用最早的工艺，并且至今仍然是煤化学工业的重要组成部分，大多数国家的焦炭用于高炉炼铁。由于我国煤多、油少、气贫的资源现状，传统煤化工在我国已有很长的历史，主要产品产量常年位居世界第一，但目前资源浪费、能耗严重、产业结构落后、产能过剩等问题突出。

2. 现代煤化工

现代煤化工是以先进的煤气化技术（气流床技术）、液化技术为龙头，以合成气化工技术和煤直接液化为基础的清洁煤基能源化工产业体系，主要包括煤气化生产甲醇进而生产油品、烯烃、芳烃、天然气及乙二醇等，煤直接液化得到煤基油品，副产各类化工品。与传统煤化工产业相比，现代煤化工反应温度、压力更高，反应速度更快，工艺链条更长，加工深度更深，能耗低，环境友好，产品附加值高，甚至可以补充石油化工产品的不足，乙烯、丙烯、芳烃、乙二醇及下游的聚烯烃、聚酯等产品市场广阔，经济潜力巨大。

（二）煤化工主要产业链

煤化工主要产业链如图1-1所示。

三、煤化工产业发展趋势及产业布局

（一）产业定位

煤炭在我国能源结构中的占比，决定了煤化工在我国化学工业中的特殊地位。我国煤化

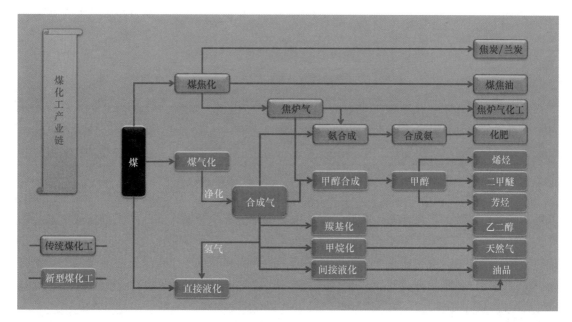

图 1-1 煤化工主要产业链

工的发展始于 20 世纪 40 年代，初期是以煤为原料生产合成氨、化肥、焦炭、苯、萘、沥青、炸药等产品，以传统煤化工为主。20 世纪 70 年代石油化工行业迅猛发展，煤化工行业受到冲击。但随着我国社会经济的高速发展，进入 21 世纪后，国际油价持续上涨和长期高位运行，我国石油对外依存度不断提升，在这种双重压力下催生了国内煤制甲醇、煤制烯烃、煤制油以及煤制乙二醇、丁二醇等以石油替代为目标的现代煤化工产业。与传统煤化工相比，现代煤化工产业链延伸长，产品附加值、资源利用率高，是我国在煤化工领域着重发展的方向，发展现代煤化工意义重大，主要表现如下。

1. 促进石化原料多元化，保障能源战略安全

石化产品是国民经济发展的重要基础原料，市场需求巨大，但受油气资源约束，对外依存度较高。2015 年，原油、天然气、乙烯、芳烃和乙二醇对外依存度分别高达 60.8%、31.5%、50.4%、55.9% 和 66.9%。我国煤炭资源相对丰富，采用创新技术适度发展现代煤化工产业，对于保障石化产业安全、促进石化原料多元化具有重要作用。

2. 促进资源地区经济转型发展

我国煤炭资源分布呈"西多东少、北部集中、南部分散"特点，大多集中在新疆、山西、内蒙古、陕西、宁夏、云南、贵州等省和自治区。据统计，煤炭深加工产业累计投资超过 3500 亿元，2015 年实现产值约 1000 亿元、利税约 330 亿元，带动了传统煤化工、装备制造等产业升级和转型发展，直接创造 5 万个就业岗位，间接提供几十万个就业岗位；带动了相关产业装备制造、基础设施配套建设和相关服务业的发展，推动地区资源优势向产业经济优势转变。煤炭资源丰富的地区经济发展相对落后，发展现代煤化工对于促进区域协调发展、培育新的经济增长点意义重大。

3. 加速推进我国化学工业现代化

统筹考虑我国煤炭、石油、天然气、煤层气、焦炉气等化石资源以及可再生资源的高效

利用方向，使我国形成石油化工与煤化工相结合、具有各自优势的产品领域，从而在整体上形成符合我国国情、科学合理的原料结构、产品结构、技术结构和企业结构，增强国际竞争力，加速推进化学工业现代化。

（二）产业布局

我国现代煤化工项目主要集中在内蒙古、新疆、山西、陕西、宁夏、河南、安徽、云南、贵州等省和自治区，产业发展的园区化、基地化格局初步形成。目前，已经初具规模的煤化工基地主要有鄂尔多斯煤化工基地、宁东能源化工基地、陕北煤化工基地以及新疆的准东、伊犁等煤化工基地。

"十三五"期间，国家将统筹区域资源供给、环境容量、产业基础等因素，结合全国主体功能区规划以及大型煤炭基地开发，按照生态优先、有序开发、规范发展、总量控制的要求，依托现有产业基础，采取产业园区化、装置大型化、产品多元化的方式，以石油化工产品能力补充为重点，规划布局内蒙古鄂尔多斯、陕西榆林、宁夏宁东、新疆准东四个现代煤化工产业示范区，推动产业集聚发展，逐步形成世界一流的现代煤化工产业示范区。如图1-2所示。

| 鄂尔多斯煤化工基地 | 宁东能源化工基地 | 陕北煤化工基地 | 新疆准东煤化工基地 |

图1-2　我国四大煤化工产业基地

（三）发展趋势

从国家战略层面出发，未来我国将大力建设一批示范项目，掌握煤化工关键技术（如煤直接制烯烃、煤直接制芳烃等），做好技术储备。从可持续和环保角度出发，未来煤化工行业将从传统煤化工向现代煤化工过渡，资源能耗型向绿色集约型发展，向着基地化、园区化发展。如宁夏宁东能源化工基地的规划建设，就是依托煤、水、土地等资源组合优势，重点发展煤炭、电力、煤化工和新材料四大主导产业，延伸发展乙烯、丙烯、副产C4三大下游产业，形成相对集中、互为补充、协调发展的现代能源化工产业体系。图1-3为宁夏宁东能源化工基地规划布局图。

四、煤化工与石油化工对比

煤化工与石油化工都属我国化学工业的重要组成部分，两者既有相似的地方，也有不同的地方。

（一）产业定位、规划布局不同

石油化工行业是我国国民经济的支柱产业之一，在经济建设、国防事业和人民生活中发挥着极其重要的作用。石化产品是国民经济发展的重要基础原料，市场需求巨大，但受我国

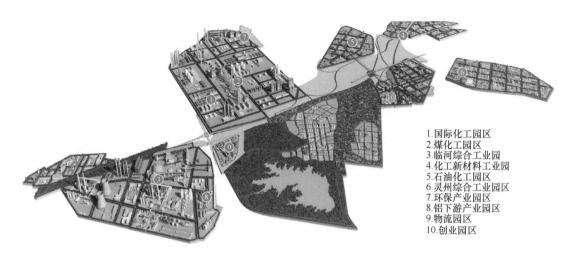

1.国际化工园区
2.煤化工园区
3.临河综合工业园
4.化工新材料工业园
5.石油化工园区
6.灵州综合工业园区
7.环保产业园区
8.铝下游产业园区
9.物流园区
10.创业园区

图 1-3　宁夏宁东能源化工基地规划布局

油气资源约束，对外依存度较高。我国煤炭资源相对丰富，采用创新技术适度发展现代煤化
工产业，对于保障石化产业安全、促进石化原料多元化具有重要作用。因此，从国家能源安
全与战略角度来看，煤化工作为石油化工的补充，在我国化学工业体系中占据独特地位。

石油化工与煤化工两者产业布局受资源分布影响较大，以靠近资源产地或沿海进口资源
为原则，石油化工产业的分布格局为：以进口资源为主的炼油、乙烯等产业主要集中在沿海
地区，以国内石油资源为主的炼油、乙烯等产业主要集中在西北和东北地区。而我国大型煤
化工基地则主要分布在内蒙古、新疆、宁夏及陕西等地。

"十三五"期间，国家制定并推行《石化产业规划布局方案》，将重点建设大连长兴岛、
河北曹妃甸、江苏连云港、上海漕泾、浙江宁波、福建古雷及广东惠州七大国家级石化产业
基地。

（二）加工深度、工艺条件及成熟度不同

主要从对原料的第一步处理、整体工艺路线、工艺条件及工艺成熟度等方面对石油化工
与煤化工进行对比。

从对原料的第一步处理来看，石油化工采取的蒸馏属于物理方法，而煤化工采取的煤气
化属于化学方法。

从整条工艺路线来看，石油化工只涉及"液、气"两相的转化，而煤化工涉及"固、
液、气"三相的转化，且目前除煤直接制油外，煤制烯烃、煤制乙二醇都是采取"间接"的
方法，先合成甲醇再往下延伸，因此其加工链更长。例如，同是制取乙烯，石油化工简单工
艺流程为：原料进入乙烯裂解炉后不用加任何催化剂，就可以转化为乙烯及丙烯、丁烯等副
产品，然后进行烯烃分离就可以得到合格乙烯。而煤制乙烯，则需要将煤先变成合成气，合
成气变成甲醇，甲醇最后变成乙烯及其他副产品混合物料，最后进行烯烃分离得到乙烯，工
艺流程多，工序复杂。

从工艺条件看，物质三相之间的转化难度要大于两相之间的转化，且在整条工艺路线
中，煤化工多为化学变化，反应条件多为高温、高压及添加催化剂，在此基础上煤才能热

解，其他物料才能进行反应。此外，不同的煤气化技术还要选用不同种类的煤，此条件也比石油化工要苛刻。

从工艺成熟度看，石油化工工艺流程、条件相对简单，且成本相对较低，石油化工在世界范围内得到了充分的发展，已经形成相对成熟和稳定的技术、设备、规范及人才团队。而煤化工工艺成熟度相对偏低，尤其是我国受能源结构影响较大，很多煤化工项目在国外只是"小试和中试"，在我国已经开始工业化生产，且技术人才储备不足，导致很多工艺人员是从石油化工"半路出家"，部分企业项目建设边摸索、边设计、边施工、边运行、边积累，消防安全隐患比较突出，本质安全条件不高。

（三）火灾风险性不同

煤化工除具有石油化工易燃、易爆炸等火灾危险性外，还有其自身特点，主要表现如下。

1. 装置"含固"运行，工艺链更长，发生事故概率高

煤化工在生产过程中，管线和设备始终"含固"（煤粉颗粒和催化剂颗粒）运行，易堵塞、结焦，对设备、管线、阀门磨损严重，导致发生事故的概率增高，且有煤粉尘自燃、爆炸的危险。更长的工艺链条和工序、更苛刻的反应条件，意味着事故的风险也随之升高。

2. 厂房结构特殊，火灾危险性大

从装置框架结构上看，煤化工比石油化工装置更高，煤气化厂房最高可达114m；从装置体量上看，煤化工装置内固、气、液多次转化，油气当量庞大，加之原料、中间品、成品等储罐类型和介质多样，管线纵横交错，发生事故极易形成大面积立体难控火灾。特别是我国煤化工主产区多布局于北方寒冷地区，主产区煤气化厂房多为50m以上的高层封闭、半封闭厂房，已超过现有标准规范设计范围，易造成易燃易爆气体聚集，而石油化工无此类装置。

3. 同位素料位计更多，易发生放射源污染事故

同位素料位计一般使用在红外线无法穿透的固体物料中，与石油化工相比，煤化工由于有固体的存在，因此同位素料位计更多，设置方式有内置式、对射式及管道式三种。事故状态下高温热辐射易导致同位素盒屏蔽保护损坏，救援人员面临放射源辐射危害（钴60、铯137、钯）的风险将提高。图1-4为人体在接触到放射源后，皮肤出现的红斑、溃疡情况。

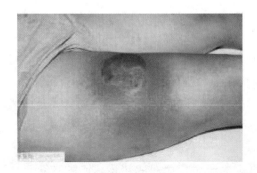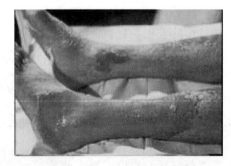

图1-4 人体皮肤接触放射源情况

（四）应急处置要求不同

我国煤化工主产区主要分布在西北缺水地区，煤化工企业通常靠近煤产区、远离城市，事故处置用水和周边依托力量不足，而石油化工企业多分布在沿海沿江地区，水资源丰富，企业周边应急力量依托强。煤化工的物料、产品醇、酯、醚、酮类等水溶性物质居多，其火灾时泡沫供给强度是一般油品的两倍以上，泡沫灭火药剂储备要远远多于石油化工企业。因技术路线不同，企业间生产工艺、设施设备、反应类型、储存方式等有很大差异，加之物料种类多、理化性质差异大，火灾扑救所需车辆装备、灭火药剂、力量编成、战术战法和安全防护要求不尽相同，处置专业技术性强。因此从预防和处置事故的层面讲，煤化工事故处置更多的是要立足于自身企业，一是提升本质安全条件，选取先进工艺路线，采用成熟技术、采取智能联锁手段、进行可靠操作控制；二是建立健全企业专职消防队，加强针对性的演练和预案制作，加强泡沫药剂储备，提升事故初期处置能力。

第三节　煤化工主要事故特点及分类

本节主要对煤化工事故特点和分类进行梳理。

一、煤化工事故特点

煤化工的事故灾情特点是由其特殊的工艺产品路线、区域及规划等因素决定的，煤化工事故既有石油化工物料易燃、易爆、有毒、腐蚀，生产工艺条件苛刻，安全操作要求较高，易发生火灾爆炸事故等特点，又有其自身特点，现归纳如下。

（一）固体物料多，易发生粉尘爆炸

固体物料，尤其是煤粉、催化剂等小颗粒物料广泛存在于煤化工生产的各个环节中。如储存原煤的煤仓、煤气化工艺的磨煤工序均有大量煤粉存在，易发生粉尘爆炸。尤其是煤气化炉中的煤粉和 F-T 法（费托法）间接制油的反应再生单元中的催化剂，两者均处于高温高压状态，一旦发生泄漏，将迅速扩散，除有可能发生粉尘爆炸外，还有窒息的风险。

（二）封闭煤气化厂房火灾风险高，处置难度大

我国煤化工主产区主要分布在西北地区，冬天气温低，因此煤气化厂房多为封闭或半封闭厂房。此类厂房火灾风险较大，一是煤粉泄漏易聚集发生粉尘爆炸；二是易发生 CO 中毒；三是 H_2 等易燃气体易聚集发生物理或化学爆炸；四是放射源多，易造成核辐射伤害。处置此类厂房事故难度较大，一是高热设备多，煤气化炉正常运转时温度普遍高达 $800\sim$ $1000\,℃$ 以上，若强制冷却某一点，易造成钢材应力变化发生爆炸导致事故扩大；二是难以内攻灭火，由于封闭、半封闭厂房特殊结构及火灾风险性，若采取内攻，对处置人员造成安全威胁；三是车辆装备要求高，在人员难以内攻、厂房高度较高的双重条件下，对现场作战车辆，尤其是高喷车的高度提出了更高的要求，一般需调集 72m 高喷车进行处置，而要 72m 高喷车发挥应有的作战效能，又对消防作业面提出了更高要求。

（三）醇、酯、醚、酮等水溶性介质较多，处置技战术要求高

与石油化工相比，煤化工除常见的危化品外（如 H_2S、H_2 及液化烃等），醇、酯、醚、

酮等水溶性介质较多是其显著特点。煤制甲醇是现代煤化工的核心技术点，通过甲醇往下游延伸可制得烯烃、乙二醇、油品等多种化工品。甲醇燃烧时产生烟雾较少，发生流淌火不易察觉，且扑救时必须使用抗醇类泡沫，供给强度也要大于普通油品，对处置技术、药剂储备要求较高。

（四）依托力量弱，初期处置能力要求高

由于我国煤化工主产地的特殊区位，煤化工企业存在"远离城市，远离水源"的特点，这就导致在灭火救援增援过程中，存在距离较长、供水难以保障的问题。因此，煤化工企业一旦发生事故，初期力量的处置显得尤为重要，若处置不当或力量不强，将极大增加事故处置难度，延长灭火作战时间。

二、煤化工事故分类

危险化学品事故是指一切由危险化学品造成的对人员和环境危害的事故。危险化学品事故后果通常表现为人员伤亡、财产损失和环境污染。

从消防应急救援的角度看，危险化学品事故是一类与危险化学品有关的单位，在生产、经营、储存、运输、使用和废弃危险化学品处置等过程中由于某些意外情况或人为破坏，发生危险化学品大量泄漏或伴随火灾爆炸，在较大范围内造成较为严重的环境污染，对国家和人民生命财产安全造成严重危害的事故。从消防灭火救援的角度来讲，煤化工企业在经营或生产中发生的火灾爆炸、泄漏等事故属于危险化学品事故的范畴之中。

对于危险化学品事故的类型，国内外至今尚无统一的划分标准。但通常可按以下两种方法分类。

（一）按事故伤害方式进行分类

1. 火灾事故

危险化学品中易燃气体、易燃液体、易燃固体、遇湿易燃物品等在一定条件下都可发生燃烧。易燃易爆的气体、液体、固体泄漏后，一旦遇到助燃物和点火源就会被点燃引发火灾。火灾对人的影响方式主要是暴露于热辐射所致的皮肤伤害，燃烧程度取决于热辐射强度和暴露时间。热辐射强度与热源的距离平方成反比。

发生危险化学品火灾时另一个需要注意的致命影响是燃烧过程中空气含氧量的耗尽和火灾产生的有毒烟气，会引起附近人员的中毒和窒息。

2. 爆炸事故

危险化学品爆炸事故包括爆炸品的爆炸，易燃气体、易燃液体蒸气爆炸，易燃固体、自燃物品、遇湿易燃物品的爆炸等。爆炸的主要特征是能够产生冲击波。冲击破的作用可因爆炸物质的性质和数量以及蒸气云封闭程度、周围环境而变化。爆炸的危害作用主要是冲击波的超高压引起，爆炸初始冲击波的压力可达 $100\sim200MPa$，以每秒几千米的速度在空气中传播。当冲击波大面积作用于建筑物时，波阵面上的压力在 $0.02\sim0.03MPa$ 内就能对大部分砖木结构的建筑造成严重破坏。在无掩蔽情况下，人员无法承受 $0.02MPa$ 的冲击波作用。

3. 中毒和窒息事故

危险化学品中毒和窒息事故主要指因吸入、食入或接触有毒有害化学品或化学品反应的

产物，而导致人体中毒和窒息的事故，具体包括吸入中毒事故、接触中毒事故（中毒途径为皮肤、眼睛等）、误食中毒事故、其他中毒和窒息事故。

有毒物质对人的危害程度取决于毒物的性质、毒物的浓度、人员与毒物接触的时间等因素。

4. 灼伤事故

危险化学品灼伤事故主要指腐蚀性危险化学品意外与人接触，在短时间内即在人体被接触表面发生化学反应，造成皮肤组织明显破坏的事故。常见的腐蚀品主要是酸性腐蚀品、碱性腐蚀品。

化学品灼伤与物理灼伤（如火焰烧伤、高温固体或液体烫伤）原理不同，危害更大。物理灼伤是高温造成的伤害，致使人体立即感到强烈的疼痛，人体肌肤会本能地避开。化学品灼伤有一个化学反应过程，大部分开始并不会有疼痛感，经过几分钟、几小时甚至几天才表现出严重的伤害，并且伤害还会不断加深。

5. 泄漏事故

危险化学品泄漏事故是指危险化学品在生产、储运、使用、销售和废弃处置过程中发生外泄造成的灾害事故。通常会造成财产损失和环境污染，如果泄漏后未能及时有效地得到控制，往往会引发火灾、爆炸、中毒事故。

6. 其他危险化学品事故

其他危险化学品事故是指不能归入上述5类的危险化学品事故，主要是指危险化学品发生了人们不希望的意外事件，如危险化学品管体倾倒、车辆倾覆等，但没有发生火灾、爆炸、中毒和窒息、灼伤、泄漏的事故。

（二）按事故严重程度分类

按照事故的严重程度和影响范围，将危险化学品事故分为特别重大事故、重大事故、较大事故、一般事故。

1. 特别重大事故

造成30人以上死亡、或100人以上中毒、或疏散转移10万人以上、或1亿元以上直接经济损失的事故。

2. 重大事故

是指造成10～29人死亡、或50～100人中毒、或5000～10000万元直接经济损失的事故。

3. 较大事故

是指造成3～9人死亡、或30～50人中毒、或直接经济损失较大的事故。

4. 一般事故

是指造成3人以下死亡、或30人以下中毒，有一定社会影响的事故。

（三）按事故发生的场所分类

煤化工事故属于危险化学品事故，其表现形式也包括以上6种灾害类型。此外，煤化工事故发生的概率存在于生产、储存、运输、使用、经营、废弃等每一个环节，根据事故发生的场所，煤化工事故可分为以下4类。

图 1-5　2017 年 2 月 16 日新疆广汇
鲁奇气化炉爆炸事故现场

1. 装置事故

主要指煤化工企业在生产过程中装置发生的事故。主要的事故类型有泄漏、中毒、火灾、爆炸等事故。图 1-5 为 2017 年 2 月 16 日新疆广汇鲁奇气化炉爆炸事故现场。

2. 液体储罐区事故

主要指甲醇罐区、焦油罐区等储运过程中发生的泄漏、火灾、爆炸等事故。煤化工企业一般不涉及外浮顶储罐，因此其罐型主要有内浮顶和固定顶两种大类。内浮顶储罐又分为浅盘，敞口隔舱，钢制单、双盘及易熔盘 5 种罐型。图 1-6 为 2013 年 "3·21" 陕西榆林天效隆鑫化工焦油储罐火灾扑救现场。

图 1-6　"3·21" 陕西榆林天效隆鑫化工焦油储罐火灾扑救现场

3. 液化烃储罐区事故

液化烃储罐区，包括常温压力储罐（全压力储存方式）、低温压力储罐（半冷冻储存方式）、低温微正压储罐（全冷冻储存方式）。液化烃生产、装卸、输转、分装、储运过程中，运行管控不到位极易发生泄漏、火灾、爆炸等事故。图 1-7 为 2018 年宁夏神华宁煤集团烯烃二分公司 "2·28" 低温压力储罐区乙烯管道泄漏起火事故现场（出料管线）。

图 1-7　宁夏神华宁煤集团烯烃二分公司 "2·28" 乙烯管道泄漏起火事故现场

4. 危险化学品仓库、堆场事故

主要指煤化工企业的煤仓、硝酸铵仓库等发生的粉尘爆炸等事故。

第四节　煤化工事故处置基本原则、程序和战术

煤化工事故类型多、灾情复杂、处置难度大，对灭火救援工作有较高的要求，本节在对煤化工事故特点及处置规律归纳总结的基础上，提出了灭火救援基本原则、程序和战术。

一、灭火救援基本原则

与石油化工事故灭火救援相对比，煤化工企业事故的处置既有相似性，也有其特殊性。在公众越来越关注公共安全和环境保护的背景下，要以"救人第一，科学施救"为指导思想，牢固树立科学、安全、专业、环保的处置理念，坚持以下基本原则。

1. 坚持以人为本、科学施救的原则

在保障灭火救援人员安全的前提下，积极抢救受困人员，迅速控制灾害，防止事态扩大是灭火救援工作的首要任务。当现场情况不清楚时，严禁擅自行动，严禁冒险蛮干；当现场情况基本清楚、无爆炸等次生灾害风险、灾情易于辨识研判时，需在技术人员指导下，果断下达指令开展灭火救援行动；当燃烧物不清、现场情况不明、难于辨识研判时，参战力量要与现场保持足够的安全距离，如有人员被困，且有希望抢救受困人员生命时，指挥员应视情采取救人措施；当燃烧物不清、现场情况不明、无人员受困、难以研判决策时，现场指挥员应及时采取外部控灾措施，并与现场保持适当安全距离；当燃烧物已知、无人员受困、有爆炸伤亡风险时，指挥员应采取依托掩体外围抑爆控灾措施，必要时建议指挥部扩大警戒、疏散范围。

2. 坚持"跳跃"式层级指挥、提高响应等级的原则

煤化工企业主产区多位于我国西北地区。西北地区水资源匮乏、地广人稀，且煤化工企业多布局于远离城市的地带，企业周边灭火救援依托力量薄弱，增援困难。基于此，对于西北煤化工企业的事故响应等级应在现有灾情的基础上提升一级，根据灾情特点，有针对性地调集足够车辆、装备、人员及药剂进行增援处置。

3. 坚持工艺先行、专业处置的原则

总指挥部、现场作战指挥部、各联动部门、事故单位与灭火救援队伍应保证实时信息互通。要牢固树立"工艺控制与消防处置相结合"的理念，在事故单位组织工艺技术、工程抢险处置的同时，灭火救援处置队伍及相关单位应根据灾情类别、事故处置的需求和总指挥部的要求展开行动，做好协同应对工作，提高灭火救援效率。

二、灭火救援基本程序

根据煤化工灾情事故特点和实战经验总结，将处置基本程序归纳为：初期管控、侦察研判、警戒隔离、安全防护、人员救助、排除险情、信息管理、全面洗消及清场撤离等九项内容，供救援人员参考。

1. 初期管控

第一到场力量在上风或侧上风方向安全区域集结，尽可能在远离且可见危险源的位置停靠车辆，建立指挥部。派出侦检组开展外部侦察，划定初始警戒距离和人员疏散距离，设置

安全员控制警戒区出入口。搭建简易洗消点，对疏散人员和救援人员进行紧急洗消。

（1）行驶途中或到达现场，初步获取以下灾情信息：①询问厂房技术人员或通过指挥中心信息推送，了解事故企业属于哪类煤化工类型、发生事故的装置、危险品名称、性质、数量、泄漏部位、范围及人员被困等主要信息；②了解事故单位采取了哪些工艺或消防控制措施；③利用电子气象仪等工具，测定事故现场的风力、风向、温度等气象数据；④通过直接观察或使用望远镜、无人侦察机等工具，查看事故部位的形状、标签、颜色等内容。

（2）根据初期侦察情况，划定事故现场初始警戒距离，在上风向设置出入口，严格控制人员和车辆出入，实时记录进入现场作业人员数量、时间和防护能力。根据初期侦查情况，及时向指挥中心和增援力量汇报已掌握的灾情、风向、行车路线及集结区域等相关情况。

（3）封堵地下工程。使用沙土、水泥等对排污暗渠、地下管井等隐蔽空间的开口和连通处进行封堵，防止一些有毒的化工原料流淌，导致对周边环境造成二次污染，同时防止可燃气体、易燃液体流入，发生爆炸燃烧。

2. 侦察研判

侦察研判就是通过询问知情人或仪器检测，了解掌握灾情，对危险源和事故类型进行辨识判断的行动过程。在煤化工事故救援中，侦察是制订科学合理的灭火救援方案的基础，也是减少救援人员伤亡的根本保证。

（1）侦检方法

① 中控室监控。灭火救援力量到场后，应立即派员前往中控室，利用中控室 DCS 控制系统、可燃气体报警监控系统、视频监控系统，密切监控生产装置、罐区灾害现场、生产工艺参数、储运设备、仓储物料等控制参数变化，了解事故发生的部位、温度、压力等情况，查明事故单位基本工艺流程、DCS 系统工艺处置实施情况，对可能存在的风险进行初期研判。

② 询问法。指通过对知情人员进行询问，了解灾害事故相关情况的方法。知情人一般有报警人、目击者、操作员、管理者和工程技术人员等。通过询问事故单位，调取厂区平面图、事故部位工艺流程图、关键设备结构图、地势图、水源图等相关基本图纸。

③ 观察法。指通过利用无人机、望远镜等装备，凭相关专业知识和经验，对灾害事故的相关情况进行判断的方法。通过观察标签标识（事故装置，事故储罐，事故车体、箱体、罐体、瓶体等的形状、标签、颜色等），查阅对照相关规范获取；观察现场火焰、烟气、燃烧部位等情况进行外围评估。

④ 检测法。指通过采用特定功能的仪器设备，对灾害事故的相关信息进行数据收集、探测、化验的方法。如利用可燃气体检测仪可以检测可燃气体的浓度，利用红外线测温仪可以简单测量罐体、火焰温度等信息。需要指出的是，CO、H_2 及同位素放射源是煤化工企业常见的三种危险源，因此应在现有装备的基础上，强化对上述三种物料的监控。图 1-8 为核辐射监测仪，图 1-9 为救援队伍常配备的"四合一"侦检仪器。

（2）侦检内容

① 人员信息。遇险人员伤亡、失踪、被困、受影响波及人员的数量、位置等情况。

② 环境信息。周边重要企业生产装置区、危险化学仓储区、建筑区、居民区的地理环境、气象条件、道路水源、地形地物、电源火源等情况。

图 1-8 核辐射监测仪

图 1-9 "四合一"侦检仪

③ 危险源信息。现场危化品种类、品名、规格、特性、数量、包装、状态、理化性质、处置方法等信息，有关生产装置区、储罐区、堆场、设备、设施损毁灾情、可控程度等情况。

④ 事故类型信息。查明事故部位、类型、可能导致的后果及对周围区域可能影响的范围和危害程度。

⑤ 救援力量信息。可调集应急处置队伍、装备、物资、药剂、器材等应急力量等处置能力和处置物质储备。

初期侦检情况可参照表1-1。

表 1-1 初期侦检情况

侦 察 事 项	具 体 情 况
本厂原则工艺流程	煤制甲醇□　煤制天然气□　煤制烯烃□　煤制乙二醇□ 煤制芳烃□　煤制合成氨□　煤焦化□　其他：
人员伤亡情况	死亡___人　受伤___人　被困___人　失踪___人
周边环境信息	毗邻装置：　毗邻储罐：　毗邻居民区：
工　况	
事故发生时间	
事故部位、范围	
已采取的工艺措施	
已采取的消防措施	
现有消防设施	机械排烟系统□　室内消火栓(喷雾)系统□
增援力量情况	
初期综合研判情况	

（3）实时侦检内容

① 对可燃、有毒、有害危险化学品的泄漏浓度、扩散范围等情况进行动态检测监控。

② 测定风向、风力、气温、雷雨等气象数据，预判波及范围。

③ 确认生产装置、设施、建（构）筑物、储罐、库区堆场已经受到的破坏或潜在的威胁。

④ 检测监控火灾、爆炸、毒害现场及对周边环境的危害影响。

⑤ 作战指挥部和总指挥部根据现场动态检测监控信息，适时调整指挥部位置、警戒范围及救援行动方案。

3. 警戒隔离

警戒隔离是根据现场危险化学品灾情发展趋势，单体介质及燃烧产物的毒害性、扩散趋势、火焰辐射热和爆炸、泄漏所涉及的范围等相关内容对危险区域进行会商论证，对事故现场及周边受影响区域分层次进行警戒的行动过程。

(1) 警戒区的划分　通常情况下，根据事故危险危害程度大小、救援力量强弱、布置准备情况、地势建筑物分布和天气状况等因素，将警戒区分为重度危险区（核心区）、中度危险区（事故区）、轻度危险区（危险区）和安全区四个等级，出现灾情蔓延扩大、气象变化等不利于处置险情，根据灾情处置和动态监测情况，现场处置人员视情紧急避险、紧急撤离，重新调整警戒隔离区范围。

(2) 警戒力量的构成　警戒区的警戒任务在不同阶段由不同的职能单位或人员承担。在事故初期一般由先期到场的消防队伍或事故单位的安保人员承担；在事故处置中期，警戒任务一般由公安、武警、交警、事故单位安保等人员来负责。根据救援需要，警戒人员以 3～5 人为一行动小组，在警戒点进行执勤。

(3) 警戒区的管理

① 加强人员管理。一方面要组织救援人员对警戒隔离区内的群众进行紧急疏散，对伤者和遇难人员进行及时转移搬运；另一方面，设置安全员，合理设置出入检查卡，控制处置区作业人员数量，明确统一紧急撤离信号。对进入警戒区的人员严格登记，一般情况下，核心区、事故区只允许救援人员（如侦检员、战斗员）在场，其他人员不能进入；危险区只有专业救援人员才能停留，其他人员排外；安全区相关救援指挥力量可以在此集结和准备。进入不同区域进行作业的人员必须按照相应的等级进行个人安全防护。

② 加强交通管理。在警戒区内，一方面要对进入区域内的车辆进行限速、限路线、限驶入、限停放的控制；另一方面，要在警戒区边界设置警戒线，安放醒目警戒标识，封闭道路禁止无关车辆通行。

③ 加强危险源管理。进入警戒区内时要防止将火源、电源带入事故现场。

4. 安全防护

煤化工事故灾害现场往往伴随着高温、浓烟、有毒有害等对现场处置人员可能存在较大危害的风险，因此各级灭火救援指挥人员必须考虑整体环境的安全性，高度重视灭火救援现场的安全问题，切实做好"防火、防爆、防毒、防灼伤、防冻伤、防同位素辐射"的"六防"工作。

(1) 安全防护装备　现场应急救援人员应针对不同的危险特性，采取相应安全防护措施后，方可进入现场救援。对于热辐射较强的现场，一线作战人员应着隔热服；对于煤气化厂房等有放射源同位素的现场，处置人员应采取着铅服等防护措施，对放射源进行处置后再进行其他作业；对于 LNG、低温液化烃（乙烯、丙烯、乙烷、丙烷）等低温罐区或存在低温物料的装置（如低温甲醇洗、烯烃分离等）等场所处置泄漏、火灾现场作业，应着防冻服，并采取相应防冻措施避免冻伤；对于有浓硫酸、浓硝酸、氨等其他具有毒、有腐蚀性的物料泄漏时，应按表 1-2 的安全防护等级进行防护。

表 1-2 安全防护等级

级别	着装要求		防护面具	适用范围
一级	特级化学防护服	防静电内衣	空气呼吸器	军用芥子气、沙林毒气、光气、氯气、砷化物、氰化物以及有机磷毒剂等危险化学品
二级	一级化学防护服	防静电内衣	空气呼吸器	浓硫酸、浓硝酸、氨水、丙酮氰醇、苯甲腈以及甲苯、对二甲苯等危险化学品
三级	二级化学防护服	防静电内衣	空气呼吸器或简易滤毒罐	氯甲烷、溴仿、四氯化碳、甲醛、乙醚、丙酮等危险化学品

此外，进入易燃易爆场所作业，应携带无火花工具和本质防爆型通信电台，在事故处置中应重点做好 H_2、CO、H_2S 气体的防护。

（2）安全防护措施

① 设立观察哨。应同时设立内观察哨和外观察哨。

内观察哨是指在事故现场派专人前往 DCS 控制中心，实时监测事故装置（单元、部位）的温度、压力、液位及工艺系统上下游关联等情况，遇突然超压、温度急剧升高等有可能对前方处置人员造成伤亡的状况要及时向指挥部报告。

外观察哨是指外部安全员，一要控制、记录进入现场救援人员的数量，实时监控处置作业区处置人员动态，注意其空气呼吸器使用余量；二要实时观察现场火焰、烟气、异常声响、建（构）筑物、设备框架等情况，遇沸溢、喷溅、流淌火、爆炸、倾斜、倒塌等紧急情况立刻发出预警。内观察哨、外观察哨安全监测人员若遇直接危及应急处置人员生命安全的紧急情况，应立即报告救援队伍负责人和作战指挥部，救援队伍负责人、作战指挥部应当迅速作出撤离决定。情况紧急安全监控人员可直接指令现场处置人员采取紧急撤离措施，随后逐级汇报。

② 紧急避险与紧急撤离。是指当着火装置出现温度急剧升高、压力突然增大、发生抖动或异常的啸叫声响、火焰颜色由红变白、DCS 系统报警、泄漏加剧等爆炸征兆时，立即发出紧急避险或紧急撤离信号。

紧急避险命令一般由一线指挥员下达，现场人员听到命令后，必须采取就地倒伏、就近借助掩体进行自我保护。一线指挥员有权在不经请示上级指挥部的情况下下达紧急避险命令。

紧急撤离命令一般由现场作战指挥部下达。应提前明确紧急撤离信号、撤离路线和集结点。紧急撤离信号要采用灯光、旗语、鸣笛、报警等多种形式，从不同地点同时发出，撤离至事故地点上风或侧上风方向。

实施紧急避险和紧急撤离后，要及时进行人员清点，调整人员部署。撤退时不收器材，不开车辆，主要保证人员安全撤出。

5. 人员救助

人员救助是指使用各种方法和装备，积极救助遇险被困人员，抢救人员生命，或通过改善被困人员的生存环境，避免或减少伤亡的灾害处置行动。在煤化工事故现场，被困人员往往处于昏迷、中毒的状态，为人员搜救带来困难；处置时要特别注意事故爆炸、泄漏对周边居民的影响，要根据现场情况适时调整疏散范围；事故结束后，要注意水体、土壤等污染对人员造成的二次伤害。实施人员救助时，要注意以下几点。

① 救援人员应携带侦检、搜救器材进入现场，将遇险受困人员转移到安全区。现场应成立搜救小组，在不清楚危化品数量、理化性质、人员被困等情况时禁止进入开展搜救工作。搜救时，应明确撤离方向和路线，携带简易防毒面罩、相应药剂进入现场对被困人员进行简易处理，应尽快将被困人员转移出危险区域。

② 当发生较大面积危化品泄漏时，如硫化氢、氨气、氯气泄漏，液化天然气、液化烃泄漏形成蒸汽云，作战指挥部要实时调整搜救疏散范围，尤其是下风向的处置人员和周边人员集聚区。

③ 对搜救人员进行现场急救和登记后，应交专业医疗卫生机构处置。

6. 排除险情

排除险情是指对事故现场辨识存在的危险情况或危险源进行减弱或清除，以达到降低事故风险或彻底消除事故发生条件的行动过程。煤化工事故现场有泄漏、火灾、爆炸、灼伤、中毒等险情，要根据现场实际情况，准确辨识风险，灵活运用各种技战术措施，科学进行排险。

（1）火灾爆炸事故现场处置　现场明火处置应坚持先控制后扑灭的原则。依危险化学品灾害类型、理化性质、发展阶段、火势大小，采用冷却、堵截、突破、夹攻、合击、分割、围歼、破拆、封堵、排烟等方法进行控制与灭火。将工艺控制与消防处置措施相结合，具体措施见表1-3。

表 1-3　工艺控制与消防处置措施（火灾爆炸事故）

火灾爆炸类别	工艺控制措施	消防处置措施
生产装置	紧急停车、紧急放空、关阀断料、泄压排爆、上下游联动、调整工艺参数、物料转输、单体循环、氮气惰化、蒸汽惰化、系统置换	稀释分隔、强制冷却、泡沫覆盖、干粉灭火、多剂联用
储罐区	紧急停工、紧急放空、关阀断料、泄压排爆、上下游联动、物料转输、保冷保温、氮气惰化、氮气抑制、氮气窒息、注水止漏	泡沫封冻、稀释分隔、强制冷却、泡沫覆盖、干粉灭火、多剂联用、工程抢险
管道	关闭上游阀门、紧急排压、围堤分隔、封堵止漏、引流控烧、氮气惰化、氮气抑制、氮气窒息	安全转移、稀释分隔、强制冷却、泡沫覆盖、干粉灭火、多剂联用
危险化学品仓库	调取库区图、确定警戒区、分步侦检、核查种类、辨识物品、核对清单、确定灾情类别及部位	警戒疏散、搜救搜寻、侦察检测、稀释分隔、破拆堵漏、稀释分隔、强制冷却、沙土填埋、惰化保护、强攻灭火、洗消监护等战术措施和灭火救援行动

（2）泄漏事故处置　泄漏事故的处置通常分为两个步骤：泄漏源控制和泄漏物控制。泄漏物控制应与泄漏源控制同时进行。

① 泄漏源控制。生产、储运过程中发生泄漏，应根据生产工艺和应急处置情况，及时采取控制措施，防止事故扩大。采取紧急停车、局部打循环、改走副线或降压堵漏等措施。

其他经营、使用、运输、仓储等过程中发生泄漏，应根据事故类型、扩散范围、危害程度，采取围堤分隔、转输倒料、加装护套、泄压堵漏等控制措施。

② 泄漏物控制。对气体泄漏物可采取喷雾状水稀释、释放惰性气体、加入中和剂等措施，降低泄漏物的浓度或燃爆危害。喷水稀释时，应筑堤收容产生的废水，防止水体环境污染。

对液体泄漏物可采取容器盛装、吸附、筑堤、挖坑、泵吸等措施进行收集、阻挡或转移。若液体具有挥发及可燃性，可用适当的泡沫覆盖泄漏液体。

（3）中毒窒息事故处置 立即将染毒者转移至上风向或侧上风向空气无污染区域，并进行紧急救治，伤势严重者立即送医院观察治疗。

在排除险情过程中，若发现危及生命安全的紧急情况，应迅速采取紧急避险、紧急撤离措施；此外，要维护现场救援秩序，防止发生灼伤烫伤、车辆碰撞、物体打击、高处坠落等意外事故。

7. 信息管理

信息管理是处置程序中的一项重要内容，主要包括：信息管控、信息报告与信息发布三个方面的内容。

（1）信息管控 作战指挥部应强化信息管控，及时收发和更新内、外部各类信息（灾情动态、作战指令、社会舆情等），实时跟进救援进度，协调社会联动力量，不受外界媒体、群众等因素干扰。

（2）信息报告 作战指挥部应及时、准确、客观、全面地向总指挥部和上级消防部门报告事故信息。主要报告：事故发生单位的名称、地址、性质、产能等基本情况；事故发生的时间、地点以及事故现场情况；事故的简要经过（包括应急救援情况）；事故已经造成或者可能造成的伤亡人数；已经采取的措施、处置效果和下一步处置建议；其他应当报告的情况。

（3）信息发布 自媒体时代信息来源广泛、传播快速，具有"先入为主的特点"，不合理的信息发布会产生一定的社会影响，甚至为灭火救援行动带来不必要的负担。所以信息发布必须及时和慎重。首先，信息发布的权限、内容和时间必须由总指挥部确定，统一对外发布，严禁任何单位或个人发表不负责任的虚假信息；其次信息发布应做到及时、准确、客观、全面，达到消除谣言、打消公众的猜疑和恐慌心理的目的。

8. 全面洗消

煤化工事故中，大量油品、醇类、硝酸、氨及苯等危化品存在于事故现场，有可能对现场处置人员造成二次伤害或存在职业病风险，还有可能对环境造成污染。随着我国救援队伍专业化程度的不断提升和对环保要求的日益增加，救援队伍要重视洗消，并将洗消贯穿于整个煤化工事故灭火救援行动中，要对人员、车辆器材进行全面洗消。根据需要洗消的酸碱毒害性选择相应的药剂进行洗消。常用的洗消药剂有：氢氧化钠、碳酸氢钠、敌腐特灵、"三合一、三和二"洗消粉、漂白粉、有机磷降解酶等。

（1）设置洗消站 煤化工事故现场危化品易对现场处置人员造成二次伤害，应设置洗消站。洗消站应设置在轻危区与安全区交界处的上风方向，通常划分等候区、调整哨、洗消区、安全区、检查点、补消点、警戒哨、医疗救护点等功能区域，分别设立人员和器材装备洗消通道。洗消站设置如图 1-10 所示。

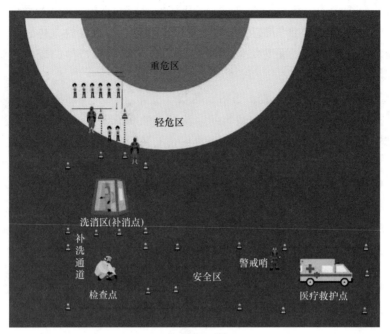

图 1-10　洗消站设置示意图

（2）人员洗消　人员洗消的程序如图 1-11 所示。

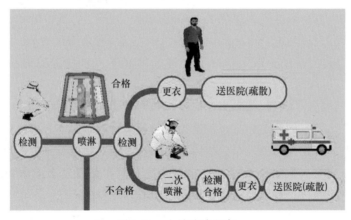

图 1-11　人员洗消程序

① 一般伤员。脱去被污染衣物，用洗消剂或大量清水从头到尾彻底冲洗一遍，若使用洗消剂洗消，结束后还应使用清水进行二次洗消；眼睛、面部接触危险物，应使用大量清水或生理盐水至少清洗 15min。

② 无意识伤员。利用简易供氧器进行供氧，将被污染衣物去除，使用洗消剂和大量清水先对伤员正面进行洗消，然后侧翻固定清洗背面和侧面，若使用洗消剂洗消，结束后还应使用清水进行二次洗消，最后用毛巾擦拭干净。

③ 救援人员。利用洗消剂和大量清水进行全身洗消，再脱去染毒防护装备，进行全身二次洗消。应优先洗消头部和脸部，尤其是口、鼻、耳朵、头皮等部位。

（3）车辆器材装备洗消　车辆器材装备洗消如图 1-12 所示。

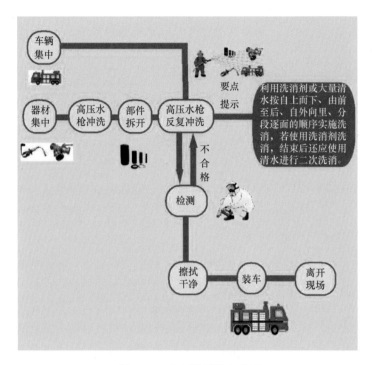

图 1-12　车辆器材装备洗消

利用洗消剂或大量清水按自上而下、由前至后、自外向里、分段逐面的顺序实施洗消，若使用洗消剂洗消，结束后还应使用清水进行二次洗消。

（4）污染场地洗消　应由环保部门或专业单位负责洗消和清理回收，消防部门协助。

9. 清场撤离

事故处置结束后，应全面、细致地检查清理现场，视情留有必要力量实施监护和配合后续处置，向事故单位和政府有关部门移交现场。撤离现场时，应当清点人数，整理装备。归队后，迅速补充油料、器材和灭火剂，恢复战备状态，并向上级报告。

（1）检查现场　检查的内容包括：各类危险源排查和清理，遇难者、伤员和救助者人数，参战人员和救援器材装备数量等。检查的每项内容都要做好认真登记，并按规定向上级指挥部门报告。

（2）移交现场，组织撤离　现场检查行动结束后，灭火救援现场指挥员应向公安机关或受灾单位负责人移交现场，并在交代有关要求和注意事项后组织救援力量有序撤离。移交处理的内容有：死者遗物、单位或个人的抢救物资归还，警戒区解禁，事故现场的监护，事态正常恢复等。

进入现场监护阶段后，应协助环保、安监等部门做好以下事项。

① 彻底清除事故现场各处残留的易燃易爆物品、有毒有害气体。

② 对泄漏液体、固体应统一收集处理。

③ 对污染地面进行彻底清洗，确保不留残液。

④ 对事故现场空气、水源、土壤污染情况进行动态监测，并将检测监控信息及时报告

作战指挥部和总指挥部。

　　⑤ 洗消污水应集中净化处理，严禁直接外排。

　　⑥ 若空气、水源、土壤出现污染，应及时采取相应处置措施。

　　当遇险人员全部救出，可能导致次生、衍生灾害的隐患得到彻底消除或控制，由总指挥部发布救援行动终止指令。

　　需要指出的是，以上程序并不是按部就班、一成不变按照顺序来展开，而是根据现场实际情况灵活实施。各程序间具有同步性、交叉性和反复性。

三、灭火救援基本战术

　　煤化工事故灭火救援基本战术是在分析煤化工事故特点、发展规律的基础上，对灭火救援行动的归纳总结，基本战术的贯彻和落实是煤化工事故处置取得胜利的保障。

　　（一）工艺控制与消防处置相结合

　　工艺控制是指采取工艺措施减缓、控制或消除事故。如关阀断料以切断事故部位与相关设备的管线流程，阻止反应介质进入气化炉、塔、釜、泵、罐等设备；采取远程放空或装置区手动紧急放空措施以防止生产装置系统压力超过设计值；再如将装置系统超压气相介质导入火炬管网焚烧，防止因设备管线超压突然破裂，发生闪爆伤害或灾情升级。

　　消防处置是指消防灭火救援人员为减缓、控制或消除煤化工事故所采取的行动。如对事故部位、邻近设备和关联管线及承重结构进行冷却保护，如利用固定灭火设施或移动消防装备进行灭火等。

　　工艺控制与消防处置的联合应用能够有效提高事故险情的可控程度，是成功处置煤化工事故的有效手段。如在火灾扑救过程中，公用工程管网供水能力不足，消防冷却水量达不到实际冷却水量需求时，工艺方面可采取设备单体物料循环、侧线物料循环、系统物料循环等方式，将塔釜、容器热量置换，达到工艺设备内介质换热与消防战术外降温联合控温目的，防止因系统超温引起压力剧升。

　　（二）固移结合，提高效能

　　目前我国还未出台煤化工企业设计防火标准规范，各个项目在进行建设时，参照石油化工进行设计。与石油化工相比，煤化工加工链长，工艺更加复杂，防火设计等级也应随之提升，但由于现实情况，目前我国煤化工企业存在固定消防设施灭火效能与灾情等级不相匹配的情况。这就要求辖区专业救援队伍平时做好预案演练、效能评估工作。在实战中谨慎应用现有固定消防设施，充分发挥其作用，如煤气化厂房应设喷雾水枪，不应出直流水直接冷却气化炉。

　　由于事故发生部位和灾情发展的不确定性，固定消防设施往往因超出保护范围、火灾爆炸受损、强辐射热等环境风险不能打开而不能发挥作用，这时消防移动装备将发挥重要作用。高位塔釜、联合框架火灾，可采用举高类车组、臂架炮直流/喷雾战术编成；地面流淌火、联合框架火，可选择车载炮车组战术编成或车载泡沫炮、移动摇摆炮、泡沫管枪战斗编成；在强辐射热和高爆炸风险现场，可选用水幕水枪、移动摇摆炮等战术编成。

　　煤化工事故应充分发挥消防固定设施与移动装备的作用，根据灾情类型和状态、处置的风险和保护需求，选择灭火战术方法，合理有效地利用固定设施与消防移动装备的协同作战。

（三）根据燃烧介质特性，合理选择灭火剂

煤化工物料种类繁多，若灭火剂选用不当，不仅起不到灭火的效果，反而会促使火势的扩大，甚至能引起严重的后果。一是现代煤化工基本都是合成气转化为甲醇再向下游延伸，因此醇类大量存在于煤化工企业的生产、储存及运输过程中，在现场处置时要选用抗醇性泡沫，且加大泡沫供给量，这就要求企业平时加大抗醇泡沫液的储备，增援力量第一时间进行有针对性的调集；二是对于引发剂、催化剂供给站等遇空气燃烧，遇水爆炸强氧化剂火灾，应采取 D 类干粉灭火，切忌出水；三是对于煤焦油、渣油、沥青等高温液体流淌火灾，需大流量、高强度、持续供给 B 类泡沫灭火；四是对 LNG 储罐、液化烃全冷冻储罐等低温液体泄漏灾情，应选择高倍数泡沫封冻控制，已形成液相流淌火，可采取高倍数泡沫覆盖控制燃烧。

高热设备应避免直流水喷射，以防高温设备急冷脱碳、局部变形、强度降低，密封破坏，造成物料喷出火势扩大。禁止用水、泡沫等含水灭火剂扑救遇湿易燃物品、自燃物品火灾；禁用直流水冲击扑救粉末状、易沸溅危险化学品火灾；禁用砂土盖压扑灭爆炸品火灾；宜使用低压水流或雾状水扑灭腐蚀品火灾，避免腐蚀品溅出；禁止对无法切断物料来源的气体、液化烃等火灾强行灭火。

（四）强化对现场突变灾情的监控

煤化工事故现场，"固液气"三相危险介质并存，粉尘爆炸、蒸气云爆炸、容器管线超压爆炸、中毒及放射源辐射风险贯穿处置过程，生产装置塔器设备、储罐容器、管道阀门等往往会因高温、高压等原因导致灾情突变，灾情进一步扩大，甚至造成灭火救援人员伤亡。

因此，在处置过程中，应指派"内外"部安全员监控。内安全员侧重控制室 DCS 工艺流程和工艺参数监控，接近设计控制极限值（红色颜色数值），立即通知指挥员做出紧急避险或紧急撤离决策；外观察员侧重建（构）筑物、设备形状，烟气及火焰变化，严密监视火情突变征兆迹象。火情突变的侦察，除向专业技术人员征询意见外，还要组织前沿观察小组，并利用各种侦检仪器，对燃烧部位及其邻近设备、容器进行观察测量。一般着火或受烘烤的设备、容器发生突变前会有一定的迹象，一旦捕捉到这些前兆，就有助于指战员抓住短暂的有利战机，采取措施，化险为夷，保存实力。

思 考 题

1. 煤的分类主要有哪些？
2. 简述石油化工与煤化工的区别。
3. 煤化工的事故特点有哪些？
4. 处置煤化工事故时，基本原则和程序是什么？

第二章

煤制甲醇生产事故灭火救援

甲醇是重要的有机原料，是碳一化工的基础产品，其加工深度和工业应用是许多国家竞相开发的一个重要领域。在世界基础有机化工原料中，甲醇消费量仅次于乙烯、丙烯和苯居第四位。工业制甲醇的原料主要有天然气和煤两种，国外以天然气为原料生产的甲醇占90%以上，而我国由于丰富的煤炭资源，天然气制甲醇和煤制甲醇产量几乎各占一半。

近年来随着煤化工产业的不断发展，加之我国掌握了一大批拥有自主知识产权的现代煤化工核心关键技术，以先进煤气化技术为龙头，得到合成气进一步制甲醇是现代煤化工一个重要的分支。以甲醇为原料往下游延伸可生产多种化工产品，目前主要有甲醇制烯烃、丙烯、汽油、芳烃，甲醇制二甲醚、醋酸、醋酸二甲酯等分支。煤制甲醇的工艺路线一般为煤气化、变换、低温甲醇洗和合成等步骤。

本章首先介绍煤制甲醇的工艺路线，然后分析其火灾危险性，最后阐述相应的灭火救援技术和要素，旨在使读者了解掌握工艺流程，进而分析其火灾风险点，最后掌握相应的消防技战术。本章是第三至七章的基础，需引起足够重视。其中，煤气化技术是整个现代煤化工的核心关键点，根据气体和固体的接触方式和时间，可分为固定床、流化床、气流床三种技术，根据现有情况及发展趋势，本章将着重介绍后两者。此外，甲醇是贯穿于整个现代煤化工各条生产路线的重要物料，其火灾特点和相应的处置方法有别于普通油品，也将是本章的重点。

第一节 煤制甲醇工艺路线概述

本节主要对煤制甲醇工艺路线进行简要介绍，着重介绍干式气化炉和水煤浆气化炉两种现代煤气化技术，为本书其他章节的学习奠定基础。

煤制甲醇工艺流程为：煤气化后，合成气送入变换炉，将部分 CO 气转化为 O_2 和 H_2；变换气送入低温甲醇洗装置，脱除 H_2S 及 CO_2 等酸性气体；净化气送入甲醇合成装置，在高温高压、催化剂作用下产生粗甲醇，粗甲醇经精馏工序生产精甲醇。其原则工艺流程如图2-1 所示。

一、煤气化单元

煤气化技术是整个煤化工产业的核心技术点。煤气化单元是煤化工区别于石油化工的关

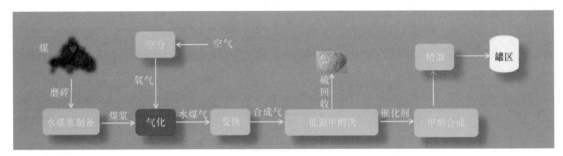

图 2-1　煤制甲醇原则工艺流程

键装置，是体现煤化工"固液气"三相并存、三相转换的代表性装置，也是煤化工事故灭火救援工作的难点和重点。

　　煤气化单元主要由备煤装置、空分装置及气化炉装置三部分组成。备煤装置主要为气化炉提供所需粒径的煤粉，空分装置主要为气化炉及全厂提供 O_2、CO_2、N_2、H_2 等气体，气化炉装置则是煤气化单元的核心装置，也是现代煤化工的技术核心，其火灾防控难度大、火灾危险较高。本节主要以现代煤化工主要采取的气流床煤气化技术为主进行介绍。

　　（一）备煤装置

　　备煤装置的任务是将储存在煤仓中的精煤进行磨粉、干燥，为煤气化炉装置提供符合其工艺要求的煤粉。备煤装置主要包括磨煤干燥工序和煤粉输送工序。磨煤干燥工序各种煤气化技术基本相同，粉煤工段根据煤气化工艺不同有所不同。

　　1. 磨煤及干燥

　　由磨煤机将煤磨成煤粉状（不同的气化炉要求的煤粉粒径不同，但一般都要求煤粉达到微米级别，其粒径一般为 5～200μm）。现代煤化工企业一般采用高速磨煤机，高速磨煤机主要有风扫磨煤机和锤击式磨煤机两种型号。由于原煤中均含有水分，经磨煤机磨完的煤粉需要进行干燥，干燥的方法一般是由高温惰性气体（二氧化碳或氮气）进行干燥。由惰性气体输送的干燥粉煤进入粉煤过滤器进行分离后，经旋转卸料阀、纤维过滤及粉煤螺旋输送机送至粉煤储罐。风扫磨煤机、热风型干燥机如图 2-2 所示。

图 2-2　风扫磨煤机、热风型干燥机

　　2. 粉煤加压及输送

　　粉煤加压及输送是将粉煤仓中的煤粉输送至相应气化炉装置的系统。不同的气化炉其所需煤粉压力及工艺稍有不同。

（1）干粉输送　干燥后煤粉用氮气（或二氧化碳气）输送至储仓，经煤锁斗入加压粉煤仓，再由高压氮气（或二氧化碳气）将煤粉均匀送至气化炉烧嘴。为防止在输送煤粉的过程中，因煤粉温度的降低造成结露，使煤粉凝聚，在所有的煤粉输送设备上采取了蒸汽伴管保温的措施。整个过程用氮气（或二氧化碳气）密封输送，并由程序控制自动进行。实践证实，这种加压下输送粉煤的进料方式操作可靠，安全性有保证。但对系统的防爆和防泄漏要求严格，锁斗系统操作相对比较复杂。

（2）水煤浆　制备的煤浆通过中间槽、低压泵、煤浆筛入煤浆槽，再由高压煤浆泵送至气化炉，因而输送过程操作非常安全。但是对重要设备如高压煤浆泵的质量要求较高，泵内隔膜衬里需定期更换，才能使该泵能长期稳定运行。

（二）空分装置

空分装置负责向煤气化装置提供需要的高压氧气，提供全厂氮气、仪表空气、装置空气等。其具体工艺及火灾危险性将在本书第六章进行详述。

（三）煤气化炉装置

1. 煤气化工艺技术简介

煤气化过程中，煤和氧气发生化学反应，产生大量热量，并借此为气化反应供能。因此，在煤气化反应时，依靠燃烧部分煤炭获得热量并集聚在气化炉中，同时通入水蒸气进行分解反应，与煤炭发生不完全氧化反应生成氢气及一氧化碳合成气体，以达到煤气化反应目的。

根据气体和固体的接触方式和时间，煤气化工艺技术可分为固定床、流化床、气流床三种，固定床煤的停留时间最长，流化床次之，气化床最短。煤气化工艺分类如图2-3所示。

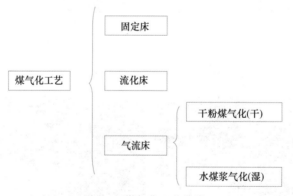

图 2-3　煤气化工艺分类

煤气化工艺最先出现的是固定床形式，但其处理煤的能力较小，对煤种要求较高。随后出现了流化床形式，但煤的反应仍然不完全，且能耗高、污染大。目前，国内外绝大多数的煤气化工艺采用的是气流床气化，其特征是煤种适应性强、气化温度高、液态排渣等。气流床煤气化技术要求进入气炉的煤质是粉状物煤，因此对煤质要求相对较低，煤粉和气化剂在炉内高温燃烧，相对速度很低，便于液态排渣。而目前气流床煤气化技术主要又有干粉煤气化和水煤浆气化两种形式，本节着重对这两种技术进行介绍。

（1）固定床气化　固定床气化的操作温度为 800～1000℃，操作压力从常压到 4MPa。气化炉内气体流速缓慢，煤粒在固定床气化过程中基本静止，停留时间最长可达 1.5h，对煤种活性、灰熔点及热稳定性要求相对较高。常见的固定床气化工艺为常压固定床，炉型较小，气化能力不高，常用于中小型规模的合成氨生产。该炉型的气化主要对褐煤及次烟煤，产生合成气中含较多甲烷成分。随着煤气化工艺的发展，固定床气化工艺逐渐被淘汰。

（2）流化床气化　流化床气化的操作温度为 800～1000℃，操作压力从常压到 2.5MPa。气化炉内气体流速较快，煤粒在固定床气化过程中呈悬浮状态并与气流有相对运动趋势，只停留数分钟，对煤种活性、灰熔点要求相对较高。其代表工艺有常压温克勒炉、HTW、KRW 等工艺。

（3）气流床气化　气流床气化的操作温度为 1300～1700℃，操作压力最高可达 6.5MPa。气化炉内气体流速极大，煤粒在固定床气化过程中与气流呈同向运动，停留时间仅为几秒钟，对煤种要求不高，有很强的适应性。

国外具有代表性的煤气化工艺有荷兰壳牌（SHELL）公司的干粉煤气化工艺、美国 GE 公司的水煤浆气化工艺［原称德士古（TEXACO）水煤浆气化工艺］、德国鲁奇（LURGI）工艺等。20 世纪 80 年代，我国在引进壳牌、GE 等两大主流煤气化工艺的基础上，结合我国煤种进行了工艺改进和创新，研发出了航天炉、两段炉等。

气流床气化最典型的代表工艺即为壳牌干粉煤气化工艺和德士古水煤浆气化工艺，前者是干粉煤气化技术的代表，后者是水煤浆法的代表。目前应用较为广泛且工业化生产的各种气流床煤气化技术基本都是以这两者为基础发展起来的，因此本书主要以介绍这两种气化技术为主，通过学习其基本工艺流程、结构及原理，为在实践中了解、掌握其他煤气化炉的工艺奠定基础。

2. 壳牌干粉煤气化工艺流程简介

经备煤装置干燥后的煤粉由高压氮气或二氧化碳气将煤粉送至气化炉煤烧嘴。来自空分的高压氧气经预热后与中压过热蒸汽混合后导入煤烧嘴。煤粉、氧气及蒸汽在气化炉高温加压条件下短时间内完成升温、挥发分脱除、裂解、燃烧及转化等一系列物理过程和化学过程，产生以 H_2 和 CO 为主的合成气。气化炉顶部约 1500℃的高温煤气经除尘冷却后的冷煤气激冷至 900℃左右进入合成气冷却器。经合成气冷却器回收热量，副产高压、中压饱和蒸汽或过热蒸汽后的煤气进入干式除尘及湿法洗涤系统，处理后的煤气中含尘量小于 $1mg/m^3$ 送后续工序。

湿洗系统排出的废水大部分经冷却后循环使用，小部分废水经闪蒸、沉降及汽提处理后送污水处理装置进一步处理。闪蒸汽及汽提气可作为燃料或送火炬燃烧后放空。

在气化炉内气化产生的高温熔渣，自流进入气化炉下部的渣池进行激冷，高温熔渣经激冷后形成数毫米大小的玻璃体，可作为建筑材料或用于路基。其工艺流程简图见图 2-4。

壳牌气化炉为水冷壁结构，运行时熔融灰渣在壁面形成渣层，不仅提供气化炉壁隔热功能，而且使热能损失减少到最低，因此冷煤气效率高，合成气中 CO_2 含量低；同时渣层"以渣抗渣"，即使高热负荷的变化亦可保护气化炉壁免受熔渣的侵蚀，因此牢固可靠，设备维护量小。但水冷壁结构比较复杂，制造难度高。其结构如图 2-5 所示。

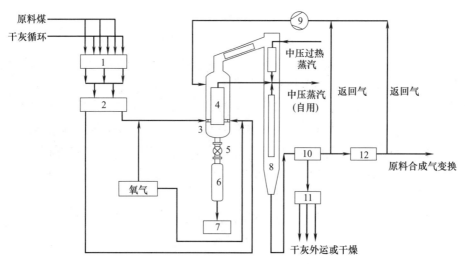

图 2-4　壳牌煤气化工艺流程简图

1—原煤；2—进料；3—喷嘴；4—气化炉；5—碎渣机；6—储渣罐；7—渣池；
8—冷却器；9—压缩机；10—干固体；11—干灰；12—湿洗

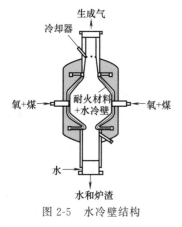

图 2-5　水冷壁结构

3. GE 水煤浆气化简介

与干粉煤气化工艺相比，水煤浆气化工艺的备煤装置、喷嘴形式部位、冷却方法及渣水尾料处理均有不同。

制备的煤浆通过中间槽、低压泵、煤浆筛入煤浆槽，再由高压煤浆泵送至气化炉，其喷嘴仅有 1 个设置在气化炉顶部，水煤浆在气化炉内与氧气在高温高压条件下制成合成气，高温合成气经辐射锅炉与对流锅炉间接换热回收热量，或直接在水中冷却。夹带在煤气中的所有灰分全部转入激冷室排出，经真空过滤以滤饼形式排出。分离后的洗涤水返回气化，少量送污水处理。其工艺流程简图如图 2-6 所示。

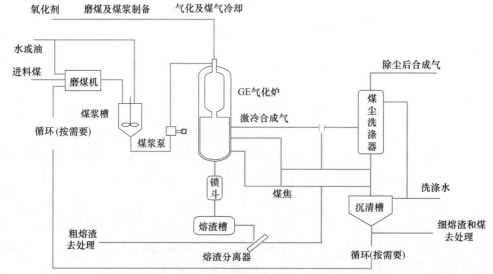

图 2-6　GE 水煤浆气化炉工艺流程简图

GE 水煤浆输送过程操作相对安全，但是对重要设备如高压煤浆泵的质量要求较高，泵内隔膜衬里需定期更换，才能使该泵能长期稳定运行。喷嘴通常是三流道型固定式非可调的，只能用烧嘴本身的弹性范围来适应生产负荷变动的工况，一般运行 1500h 左右就需要进行检查和维护，并需作预防性更换。GE 气化炉结构比较简单。以耐火砖为衬里，高温合成气与熔融灰渣直接侵蚀耐火衬里，因此衬里使用周期受到限制，一般 1～2 年就需更换。图 2-7 为 GE 水煤浆气化技术的备用喷嘴实物及气化炉结构简图。

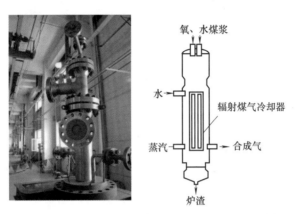

图 2-7　GE 水煤浆气化技术的备用喷嘴实物及气化炉结构简图

二、变换单元

变换单元的主要任务就是调整一氧化碳和氢气的比例，将来自气化装置的合成气中的一氧化碳与水蒸气在变换催化剂的作用下，发生变换反应，转化成氢气和二氧化碳，并调整一氧化碳和氢气的比例，脱除合成气中的酸性气体，为后续工段比例使用提供条件。

三、低温甲醇洗

煤气化后产生的合成气中除含有 H_2、CO 外，还含有一定量的其他组分，主要是 H_2S、COS 等硫化物和 CO_2。低温甲醇洗技术是以甲醇有机溶剂作为吸收剂，利用甲醇在低温条件下对 CO_2、H_2S、COS 等酸性气体溶解度大的物理特性，同时或分段脱除原料气中酸性气体的一种气体净化方法。

其主要流程是多段吸收和解吸的组合。高压低温吸收和低压高温解吸是吸收分离法的基本特点，主要包括吸收、解吸和溶剂回收三部分，通常每一部分要由 1～3 个塔（每个塔有 1～4 个分离段）来完成。

（一）吸收

其工艺流程主要是喷入冷甲醇液体来洗涤原料气，原料气中含有的极其微量的焦油等杂质也同时被除去。吸收的主要目的是将 CO_2 和 H_2S 溶解在甲醇中，少量的 H_2、COS、CH_4 也会同时被吸收。吸收过程是一个放热的过程，需要较高的压力（2.5～8.0MPa）和较低的温度（－70～－40℃）。吸收后吸收液的冷却降温通常在塔内进行，也可以在塔外进行。甲醇的冷量是通过低温丙烯压缩进行热交换后获得的。

（二）解吸

解吸过程是将 H_2、CO_2、H_2S 等从吸收液中释放出来。解吸过程需要较低的压力（$0.1 \sim 3.0MPa$）和较高的温度（$0 \sim 100℃$）。通过闪蒸可以得到 H_2，并将其作为原料回收。一部分 CO_2 可以通过闪蒸释放出来，另一部分则要靠 N_2 吹出。释放的 H_2S 另外进行回收，不在本系统内。因此，该过程至少要 3 个塔约 10 个分离段来完成。

（三）溶剂回收

吸收前的溶液（贫液）中含有极少量的其他杂质，但是吸收后的溶液（富液）中却含有较多其他杂质。将甲醇进行精馏提纯，可得到新鲜的吸收贫液返回至第一工段进行循环使用。

四、甲醇合成单元

甲醇合成主要是 CO 与 H_2 反应生成，目前国内外使用的大型甲醇合成塔，主要有水管式合成塔、固定管板列管合成塔、多床内换热式合成塔、冷激式合成塔和冷管式合成塔 5 类。其中冷激式和冷管式两种塔型有甲醇产品产率低及生产能力有限的缺点，所以目前在大型煤制甲醇工艺中基本被淘汰。

（一）水管式合成塔

为了改善换热效果，该塔型中传热管内走沸腾水，这样不仅能有效移走过剩热量，还能副产中压蒸汽，是大型化生产较为理想的一种塔型。这种塔型在国内外大型化生产中使用较为普遍，如 ICI 工艺。

（二）固定管板列管合成塔

该塔不同于水管式塔，是在管内填装催化剂，沸腾水走壳程，换热热量副产 $3.2 \sim 4.0MPa$ 的中压蒸汽。典型的塔型有 Lurgi 公司的合成塔，该塔的特点是采用逆流换热，同时加热水和冷气，提高转化率的同时又能降低能耗。但是这种塔型受到设备直径及管长的限制，结构复杂，单塔的生产能力有限，实际生产过程中往往需要并联多个合成塔。固定管板列管合成塔是造价最高的一种塔型，催化剂的装卸也比较困难。

（三）多床内换热式合成塔

这种塔由氨合成塔经过技术改进而得，塔内可装填催化剂并设置有换热结构。其中塔体内的中央沿轴向设置有一间接式换热装置，并经分隔结构沿轴向排布有用于装填催化剂的第一、第二两个相互隔离的催化床。换热器有列管式和蛇管式两类，各催化床与换热装置间分别经导流结构保留有气流通道。该换热装置中的内管的进口端接进塔气口，该塔型的优点是结构简单，造价低，转化率高，适合于大型或超大型装置，但反应热不能全部直接副产中压蒸汽。

第二节 煤制甲醇装置火灾危险性

本节根据煤制甲醇的工艺流程，结合其各个工段的生产特点，依次分析其火灾危险性。

其中粉尘爆炸、甲醇的火灾风险性将贯穿于整个煤化工产业链中，煤气化装置也是其他现代煤化工产业链的龙头，因此这三部分内容是本节的重点。

一、煤气化单元火灾危险性

（一）备煤单元火灾危险性

备煤单元的火灾危险性主要在于粉尘爆炸。原煤、煤粉在储存及输送过程中容易挥发出 CH_4 和其他少量的可燃气体，在达到爆炸极限与空气混合后，遇点火能量易发生爆炸从而引发更大规模的粉尘爆炸。

煤粉尘火灾爆炸风险贯穿于煤化工项目煤炭处理的全过程。粉尘爆炸具有以下特点：粉尘燃烧速度或爆炸压力上升速度比气体爆炸要小，但燃烧时间长，产生的能量大，所以破坏和焚烧程度大；发生爆炸时，有燃烧粒子飞出，如果飞到可燃物或人体上，会使可燃物局部严重炭化和人体严重烧伤；爆炸产生的冲击波吹起积聚在地面或者其他表面的粉尘使其悬浮在空气中，引起第二次爆炸；粉尘爆炸中伴随着不完全燃烧，燃烧气体中含有大量的 CO 气体，会引起人员中毒。

煤炭处理过程中，煤的存在形态、粒度、干燥度、环境条件等均不同，导致不同场所、设备设施煤粉尘火灾爆炸的风险不同。

1. 原煤储存

原煤的储存通常有露天堆存、筒仓储存、仓库储存 3 种方式。现代煤化工一般采用筒仓储存和仓库储存方式，且原煤储量大，通常为几万吨到十几万吨。煤储存时间过长，易发生自燃，煤自燃是煤储料仓的主要风险。此外煤炭入仓时会使煤尘飞扬，煤尘浓度可能达到爆炸下限，导致煤粉尘爆炸事故的发生。

2. 原煤破碎

根据气化装置磨煤工序对煤粒度的要求，通过合适的筛分设备和破碎设备，将原料煤处理后输送至煤仓，一般要求破碎煤的粒度不大于 10mm，煤的粒径越小，发生粉尘爆炸的危险性越大，煤仓如图 2-8 所示。

图 2-8 某煤化工企业煤仓

碎煤机在碎煤过程中，高速回转的环锤不断破碎煤块，使煤块粒度变小，并从筛板穿过落至落料斗。煤的破碎过程产生大量煤粉尘，且由于机械力的作用会扬起大量煤粉尘，导致碎煤机内悬浮的煤粉尘浓度可能处于爆炸浓度范围之内；而如果发生碎煤机内的机械物件摩擦、撞击火花，足以点燃煤粉尘而发生爆炸。

3. 输煤系统

煤库中的煤通过皮带机输送至破碎楼，经筛分、破碎后再通过皮带机输送煤储仓。煤在运输中如皮带发生故障，摩擦产生高温，可引发煤着火燃烧。皮带机的叶轮给煤机取煤时，在取煤口会产生大量煤粉尘；输煤皮带上的煤被卸入煤仓时，也可产生煤粉尘，随着仓内煤位的升高，含尘气体就会从落煤口排出并扩散，形成爆炸性粉尘环境，遇点火源会发生爆炸。

4. 磨煤及储存

水煤浆制备采用湿法磨煤工艺，磨煤及水煤浆储存过程中产生的粉尘相对较少，煤粉尘着火、爆炸的危险相对较低。

干煤粉制备时，煤储仓中的原料煤和石灰石粉仓中的石灰石粉在微正压和惰性气条件下，在磨煤机中被碾磨成粉，并得到干燥，工艺要求原料煤粉粒度为 $10\sim90\mu m$。因此，煤粉尘着火、爆炸的危险性极高。

备煤单元煤粉尘火灾爆炸特征和风险程度见表 2-1。

表 2-1　备煤单元煤粉尘火灾爆炸特征和风险程度

系统名称	主要场所设备设施	煤形态	主要风险	风险程度
原煤储存	原煤储存场、储存筒仓、仓库等煤装卸设施	原煤	原煤自燃、火灾；煤粉尘爆炸	中
原煤破碎	破碎楼、破碎机、筛分设备	破碎后煤粒度不大于10mm	煤（粉尘）火灾；煤粉尘爆炸	中
输煤系统	给料机、皮带机、转接口	原煤或粒度小于10mm的煤	煤（粉尘）火灾	低
磨煤及储存（干法）	磨煤机、粉煤储罐、放料罐、给料罐、惰性气发生器	煤粉粒度为10～90μm	煤粉尘火灾、爆炸	高

（二）煤气化厂房火灾危险性

1. 物料成分复杂，工艺条件苛刻

一是煤气化单元固、液、气三相并存，火灾危险性各异，且灭火救援处置方法不同。

固态主要是纳米级别的煤粉，易发生粉尘爆炸；液态主要是水煤浆、合成气中较重的组分等，易发生流淌火，要采用泡沫覆盖方法进行处置。

气态主要是反应所需的氧气、反应生成的合成气，而合成气主要有氢气、一氧化碳、硫化氢、二氧化碳等主要危险有害物质。一旦气体发生泄漏，由于压力高、温度高，极易发生着火、爆炸。其中，泄漏到环境中的 CO、H_2S 易造成人员中毒。

二是煤气化操作压力大都在 $3.0\sim8MPa$、操作温度大都在 $1000\sim1300℃$ 之间，且不同煤种的投料、氧气配比等均有所不同，工艺操作要求高、生产条件苛刻。气化炉的外壳为钢制压力容器，内衬耐火砖或涂料承受高温，运行中，耐火衬里如发生损坏，外壳温度会上升而发生超温。壳体发生超温，严重时会发生变形、破裂，而引发重大炉体爆炸、火灾事故。因此，生产中应严格控制外壳温度，发生超温应及时处理，避免事故扩大。

2. 放射源料位计较多，易发生核污染

放射源，是采用放射性物质制成的辐射源的通称，指用于工业料位检测的以放射性同位素为能量的源。包括：钴60源、铯137源和铱192源等。

与石油化工相比，由于煤化工"煤"的特殊理化性质，在煤气化的生产过程中，普通料位计无法满足对固体物料的监控，因此煤气炉设有比石油化工延迟焦化等装置更多的料位计。一般在干式煤气化炉中的放射源料位计要比湿式气化炉多，一般设在粉煤锁斗、渣煤锁斗、破渣机等部位，放射源一般采用钴60、铯137、钯。事故状态下高温热辐射易导致同位素料盒屏蔽保护损坏，救援人员面临放射源辐射危害，易发生核污染。图2-9为煤气化单元放射源料位计。

图 2-9　煤气化单元放射源料位计

3. 厂房结构特殊，灭火救援难度较大

由于我国煤炭资源主要分布在北方，现代煤化工基地也大都布局于产煤区域。北方冬天较为寒冷，出于工艺角度考虑，煤气化厂房大都为封闭或半封闭厂房。干式煤气化炉高度一般在100m以上，湿式一般在50～60m之间，厂房设备较高。如图2-10所示。

封闭、半封闭厂房的设置对通风、泄压口（面）的设置要求较高，煤粉、各种易燃易爆炸气体易聚集发生火灾爆炸事故。从灭火救援角度讲，气化厂房一旦发生火灾，泄压口（面）较多，灭火救援阵地设置困难，对装备器材要求较高，且气化炉高度较高，外围冷却难度大，内攻灭火风险极高。

二、变换单元火灾危险性

CO变换工艺单元中含有H_2、H_2S、CO、CO_2等气体，工艺气体发生泄漏可引起着火、爆炸或造成人员中毒。运行状态下，变换催化剂处于还原态。余热锅炉产生中、低压蒸气，运行中如水位过低、发生干锅，易发生管道爆炸事故。运行中应严格控制水质、水位和压力，防止发生超压、超温。此外，余热锅炉、变换炉、反应器操作温度均较高，保温不良均

(a) 内蒙古伊泰化工有限责任公司气化单元　　　　(b) 新疆石河子天智辰业公司气化单元
（半敞开厂房）　　　　　　　　　　　　　　　（全封闭厂房）

图 2-10　煤气化厂房

可造成高温危害。

三、低温甲醇洗单元火灾危险性

低温甲醇洗工艺单元中，塔、泵设备较多，工艺气体中含有 H_2、H_2S、CO、CO_2 等气体，如工艺气体发生泄漏，可引发火灾、爆炸、中毒事故。装置中洗涤液甲醇用量大，装置中甲醇泵种类多，出口压力高，如密封发生泄漏，甲醇发生大量泄漏，不但可造成火灾、爆炸事故，还可造成人员中毒。装置在低温下运行，采用丙烯作冷冻介质，如丙烯发生泄漏也可引发火灾、爆炸事故。

此外，装置内介质中存在 H_2S、一氧化碳、甲醇等有毒有害物质，如其发生泄漏可造成中毒危害，N_2、CO_2 气体属于窒息性气体，如果大量泄漏到环境中，达到一定浓度，人体会由于缺氧而窒息。

四、合成单元火灾危险性

甲醇合成装置由合成气压缩、甲醇合成、甲醇精馏、氢回收单元组成。装置中存在的主要危险有害物质包括氢气、一氧化碳、甲醇、氢氧化钠等。甲醇合成装置中压缩机、合成及精馏单元等部位和单元火灾风险性较大，现归纳如下。

（一）压缩机火灾风险性

合成气压缩工艺单元中合成气压缩机、循环机组采用蒸气透平带动的多级离心式压缩机组。压缩机组压力高、转速高、功率大。工艺气中 H_2、CO 气含量高，如压缩机密封、气封损坏，高压气体外泄，极易引发着火、爆炸事故或中毒事故。

压缩机工艺操作要求较高。一是压缩机入口分离器应严格控制液位，若液位过高，气体带液进入气缸，会造成叶片及缸体损坏，极易造成重大设备着火、爆炸事故；若液位过低，高压工艺气窜出也可引发爆炸、火灾事故。二是压缩机运行中如发生喘振，处理不当，也可损坏气封、密封，造成气体泄漏，而引发着火、爆炸或中毒事故。三是压缩机各级压力必须严格控制，防止发生超压。出口压力超高，安全设施失灵，可发生超压、爆炸。

（二）合成工艺单元火灾风险性

甲醇合成工艺单元操作压力高，工艺介质为 H_2、CO、CO_2 及甲醇。工艺物料发生泄漏可引发着火、爆炸。甲醇及 CO 发生泄漏还可造成人员中毒。合成反应为放热反应，反应热分别通过预热合成气以及加热锅炉给水、副产中压蒸气移出。运行中，如发生水位过低、超压、超温、催化剂中毒、气体成分失控等，会影响催化剂的寿命，也可损坏设备而引发事故。严重时，合成塔内件如损坏，还可引发重大设备爆炸事故。停车期间，如空气进入合成塔内，空气与催化剂反应，不仅会使催化剂超温、烧毁，严重时甚至造成设备损坏，而引发重大事故。合成塔外壳如超温，会降低设备的强度。设备在运行中如因强度降低或氢脆腐蚀损坏，可引发重大设备爆炸、着火事故。高压设备、管道在制造中如存在缺陷或选材不当，也可引发设备损坏及爆炸、着火事故。甲醇分离器运行中，如液位超低，高压合成气有可能窜入低压甲醇闪蒸、储存系统，造成闪蒸、储存系统超压、爆炸。

（三）精馏工艺单元火灾风险性

甲醇精馏工艺单元采用单塔多效蒸馏流程，设备较多，甲醇的储存量大，设备（管线）发生大量泄漏，可引发重大火灾、爆炸、中毒事故。原料粗甲醇中含有有机酸，对设备会造成腐蚀，容易造成设备腐蚀，发生泄漏。装置内介质中存在 H_2S、一氧化碳、甲醇等有毒有害物质，如其发生泄漏可造成中毒危害。

五、甲醇储罐危险性分析

醇类大量贯穿于煤化工的各条产业链中，尤其是甲醇，是煤化工产业中最为常见、体量较大的一种物料。甲醇属于甲类物质，火灾爆炸风险较高，且燃烧时不易产生浓烟及火焰，灭火救援处置难度大。

（一）储罐区的高易燃性

甲醇的闪点为 11.11℃，根据现行国家标准 GB 50160—2008《石油化工企业设计防火规范》、GB 12268—2012《危险货物品名表》，甲醇属中闪点（−18～23℃）甲类火灾危险性的易燃液体。甲醇的沸点为 64.8℃，蒸气的最小点火能为 0.215mJ，罐区中常见的潜在点火源，如机械火星、烟囱飞火、电器火花和静电放电等的温度及能量都大大超过甲醇的最小引燃能量，极易引发储罐区发生火灾。

（二）储罐区的易爆性

由于甲醇具有较强的挥发性，在甲醇罐区通常都存在一定量的甲醇蒸气。当罐区内甲醇蒸气与空气混合达到甲醇的爆炸浓度范围 6.7%～36% 时，遇火源即会发生爆炸。甲醇的饱和蒸气压为 13.33kPa（21.2℃），温度愈高，蒸气压愈高，挥发性愈强。特别是当甲醇储罐出现泄漏，或储罐区内的管道破裂导致甲醇外泄时，大量的甲醇蒸气与空气很快会达到爆炸浓度范围，由于甲醇的引爆能量小，罐区内外绝大多数的潜在引爆源都能引发储罐区的甲醇蒸气发生爆炸。

（三）甲醇储罐受热膨胀

甲醇具有受热膨胀性，若储罐内甲醇装料过满，当体系受热，甲醇的体积增加，密度变小的同时会使蒸气压升高，当超过容器的承受能力时（对密闭容器而言），储罐易破裂。如气温骤变，储罐呼吸阀由于某种原因未来得及开启或开启不够，易造成储罐破坏。对于没有泄压装置的罐区地上管道，物料输送后不及时放空，当温度升高时，也可能发生胀裂事故，导致管道泄漏。另外，如储罐区发生火灾，火灾现场附近的储罐就会受到高温地热辐射作用，如不及时冷却，也会因膨胀而破裂，造成甲醇的泄漏，增大火灾的危险性。

（四）甲醇燃烧特性

与普通油品相比，醇类在燃烧时热烟气较少，在光照强烈条件下甚至会出现肉眼观察不到燃烧的现象。因此一旦甲醇储罐发生泄漏引发流淌火，肉眼不易察觉，容易对现场指挥员造成误导，处置风险较大。图 2-11 所示为 2016 年内蒙古锡林郭勒盟 "8·14" 大唐多伦煤化工有限公司甲醇储罐爆炸处置现场。

图 2-11　"8·14" 大唐多伦煤化工有限公司甲醇储罐爆炸处置现场

从图 2-11 中可以看出，与一般油品储罐火灾不同，甲醇储罐火灾浓烟较少，火点较难侦察，从表面对火场情况进行研判，易产生 "麻痹" 心理。

第三节　灭火救援处置及注意事项

本节着重介绍粉尘爆炸、煤气化单元及甲醇储罐的灭火救援处置措施及注意事项。对于其他装置，本节统一进行介绍，需要指出的是，本节所介绍的针对装置的工艺处置方法同样适用于本书其他装置。

一、煤仓粉尘爆炸处置

煤仓煤粉储量较大，一旦发生粉尘爆炸事故破坏威力极大。从实践中来看，发生粉尘爆炸事故,专业消防处置力量到场后一般已经发生过爆炸,此时灭火救援的主要任务是抢救人员及防止发生二次爆炸。此外,由于煤化工企业生产工艺的连续布局,邻近装置发生事故时,要通过开启煤仓的降尘装置及相关固定消防设施提前做好预防性措施,防止煤粉泄漏形成"粉尘云"。

（一）粉尘爆炸基础知识

粉尘爆炸具有极强的破坏性,易产生二次爆炸,爆炸后能产生有毒气体,如一氧化碳,易造成更大规模的人员伤亡。粉尘爆炸条件一般有三个:可燃性粉尘以适当的浓度在空气中悬浮,形成"粉尘云";有充足的空气和氧化剂;有火源或者强烈振动与摩擦。

粉尘爆炸具有以下特点。

① 多次爆炸是粉尘爆炸的最大特点。第一次爆炸气浪,会把沉积在设备或地面上的粉尘吹扬起来,在爆炸后短时间内爆炸中心区会形成负压,周围的新鲜空气便由外向内填补进来,与扬起的粉尘混合,从而引发二次爆炸。二次爆炸时,粉尘浓度会更高,故二次爆炸威力比第一次要大得多。

② 粉尘爆炸所需的最小点火能量较高,一般在几十毫焦耳以上。

③ 与可燃性气体爆炸相比,粉尘爆炸压力上升较缓慢,较高压力持续时间长,释放的能量大,破坏力强。

（二）煤仓防尘及固定消防设施

1. 惰性气体保护系统

煤粉在煤仓中放置的过程中会不断释放 CH_4 等可燃气体,为了防止可燃性气体积聚,避免浓度超标,可以采用惰性气体例如氮气、二氧化碳气体作为保护气体,这样既可以不断稀释可燃气体的浓度又能降低煤仓的氧含量。

2. 温度调节系统

煤仓要具备温度调节措施"防止温度骤变",保证煤仓在一定范围内的恒温状态,在昼夜温差大的区域（如新疆）,会在煤仓表面焊接伴热盘管,冬天时利用蒸汽进行伴热,夏天通循环冷风进行降温。

3. 二氧化碳灭火系统

二氧化碳灭火系统是煤粉发生自燃时常用的灭火装置。加压储存的二氧化碳呈液体状态,喷射出来气化时的体积增大约 500 倍,能及时充满煤仓,降低可燃气体和氧浓度。二氧化碳气化还可吸收大量热量,阻止燃烧的蔓延。此外二氧化碳密度比空气大,可在煤粉和空气间形成保护层,实现迅速灭火。

4. 固定消防设施

其固定消防设施主要有红外火灾探测器、红外自动水炮、降尘喷水装置等,如图 2-12 所示。

（三）灭火技战术措施

（1）射流方式 处置该类事故应利用水枪或移动水炮出雾状水进行降尘润湿未燃粉尘,驱散和消除悬浮粉尘,降低空气浓度,切忌用直流喷射的水和泡沫,用有冲击力的干粉、二氧化碳,防止沉积粉尘因受冲击而悬浮引起二次爆炸。

（2）采取有效措施进行分隔 对于面积大、距离长的车间的粉尘火灾,要铺设水幕水带

图 2-12　煤仓固定消防设施

1—红外火灾探测器；2—红外自动水炮；3—降尘喷水装置

进行有效分割，防止火势沿沉积粉尘蔓延或引发连锁爆炸。

（3）防止阴燃　明火熄灭后煤粉内部可能还在阴燃，应采取注氮等措施进行惰化灭火，防止次生灾害的发生。

（4）注意事项　处置粉尘爆炸事故，一要防止爆炸产生的冲击波对现场处置人员造成的危害，因此要提前制订好煤仓内攻铺设降尘阵地，尽量采取水炮，同时应制订好紧急撤退避险路线，人员、车辆不应布置在煤仓泄压面；二要注意粉尘爆炸后 CO 等有毒气体聚集对处置人员带来的风险，安全员应实时利用侦检仪器检测 CO 浓度，及时发出预警。

二、煤气化单元处置

煤气化厂房，尤其是封闭、半封闭厂房是各类煤化工事故处置的重点和难点，处置时要坚持"工艺优先"的原则，准确研判气化炉工况、料位计情况等现场风险点，调集有效器材装备，慎重进行内攻。

（一）工艺优先

坚持工艺优先原则，及时切断上游备煤及空分装置原料、停止下游对合成气的精细加工，调整反应炉温度、压力、介质等参数，采取火炬泄压等手段逐步控制灾情。同时停止氧气供应，加大水蒸气供应，对气化炉进行惰化，有条件时应进行氮封。按照部位、装置、单元、全厂的顺序，根据实际灾情进行停车。

（二）准确进行侦察研判

第一时间进入 DCS 控制室，调取厂区原则工艺流程图，查明气化炉类型，查明发生事故的部位、范围、工况以及已经采取的工艺消防措施等情况，见表 2-2。

表 2-2　气化炉装置火灾侦察情况表

侦察事项	具体情况
本厂原则工艺流程	
气化炉	干式炉□ 湿式炉□ 技术：
厂房高度	

续表

侦察事项	具体情况
工况	
事故发生时间	
事故部位、范围	
已采取的工艺措施	
已采取的消防措施	
现有消防设施	机械排烟系统□ 室内消火栓(喷雾)系统□
同位素料位计位置	
初期综合研判情况	

（三）第一时间查明同位素料位计情况

发生火灾要第一时间确定同位素料位计是否安全可控，一旦过火熔化，侦查人员要做好防护，着防辐射服，携带可燃、有毒气体探测仪及同位素检测仪，在工艺人员的配合下进行侦检；发生爆炸要在装置上风方向设立集结点，侦查人员要划定爆炸波及范围，着防辐射服，携带同位素检测仪和同位素放射源安全转移装置，先外围探测，再进入框架搜索，确保安全转移后再进行处置。同位素料位计屏蔽保护过火熔化或炸飞，要第一时间确认搜寻并安全转移后再进行处置。如果同位素料位计在着火部位则要拉开安全距离，空间距离钴60保持15m以上，铯137保持13m以上，同时不能接触放射性污染的冷却水。

如果气化厂房发生爆炸，必须先穿防辐射服，携带有毒气体探测仪、可燃气体探测仪、同位素放射源检测仪和放射源收集器，找到放射源后安全转移。

（四）力量调集阵地设置

力量调集主要以60m以上高喷车编队为主，高喷车在气化厂房外贴近使用喷雾水稀释降解；在气化厂房严禁在厂房泄压口、泄压窗及其他薄弱部位部署车辆及灭火救援人员。

射流时应注意，气化炉为高温高压设备，处置不能使用直流水冲击，否则易引起高温设备局部应力变化，导致事故扩大或炉体损坏发生次生事故。给料仓、高压煤粉输送管线破裂形成悬浮粉尘不能打直流水，防止形成粉尘爆炸。

此外应在厂房入口等部位架设机械正压排烟装置，防止厂房内粉煤等物质聚集引发粉尘爆炸。

（五）慎重选择内攻

在未查明着火部位、着火范围、同位素料位计等情况下，禁止组织人员内攻。气化厂房高度在60～120m之间，相当于高层建筑，轻易组织内攻，救援人员的风险极大。但在确保工艺措施到位前提下，可考虑内攻，但必须携带有毒气体探测仪、可燃气体探测仪和同位素放射源检测仪进行。

三、其他装置灭火救援处置

煤化工装置的生产运行方式与石油化工相类似，尤其是现代煤化工企业，也采用了DCS、SIS等先进系统进行远程控制，而生产装置往往都是上下游紧密相连，温度、压力、物料平衡等工艺条件往往能快速有效地控制灾情，达到"治本"的目的，所以掌握基本工艺处置方法、基本工艺原理、基本控制措施至关重要。处置时，要牢牢贯彻"消防与工艺"相结合的战术理念，与企业、厂方及相关工艺技术人员密切配合，综合研判，灵活运用各种灭火战术，做好个人安全防护，科学高效地对事故进行处置。

（一）工艺处置措施

工艺处置措施往往是切断物料来源、停止反应进行、惰化保护等降低或停止灾情的根本手段与方法。企业应急处置一般采取单体设备紧急停车、事故单元紧急停车、事故装置紧急停车、全厂系统性紧急停车、火炬放空、平衡物料等综合性工艺调整措施，具体措施如下。

1. 紧急停车（停工）

生产装置如发生着火爆炸事故，生产工艺人员应根据灾害类别、灾害程度、波及范围及时作出工艺紧急控制措施，分别作出单体设备事故部位、生产单元、整套装置紧急停车（停工）处置，防止连锁反应、事故扩大和次生事故发生。

灭火救援力量到达现场后，现场指挥员应与事故单位相关人员集体会商，根据灭火救援需要和灾情的控制程度做出决策，逐步升级采取应对措施。按如下程序进行：事故初期单体设备部位停车→生产单元停车→整套装置停车→邻近装置停车→全厂性生产系统紧急停车（停工）处置等。

2. 泄压防爆

泄压防爆是指装置发生着火爆炸事故后，运行设备、管线受辐射热影响，会出现局部设备、管线或系统超压，工艺人员对发生事故的单体设备、邻近关联工艺系统、上下游关联设备、生产装置系统等采取远程或现场手动打开紧急放空阀，将超压可燃气体排入火炬管线或现场直排泄压的防爆措施，以避免设备或系统憋压发生物理或化学爆炸。

3. 关阀断料

煤化工生产工艺具有较强的连续性，物料具有较高的流动性。燃烧猛烈程度、火情的发展态势以及灭火所需时间都受物料流动补给的影响。因此，扑救装置火灾、控制火势发展的最基本措施就是关阀断料。关阀断料的基本原则是按工艺流程关闭着火部位及与其关联的塔、釜、罐、泵、管线互通阀门，切断易燃易爆物料的来源。

在实施关阀断料时，要选择离燃烧点最近的阀门予以关闭，并估算出关阀处到起火点间所存物料的量，必要时辅以导流措施。

4. 系统置换

灭火救援过程中或火灾后期处理，为保障装置系统安全，往往采取系统置换措施，达到控制或消除危险源的目的。

系统置换在灭火处置过程中，主要针对相邻单元进行，切断转输完成后，系统加注保护氮气或蒸汽惰化保护避免灾情扩大。

在扑救后期一般采取侧线引导、盲板切断措施后，对着火单元或设备进行氮气或蒸汽填充，逐步缩小危险区域。

火灾彻底扑灭后，为防止个别部位残留物料复燃发生次生事故，需对塔釜、容器进行吹扫蒸煮，达到动火分析指标后开展抢修作业。

5. 倒料输转

倒料输转是指对发生事故或受威胁的单体设备、生产单元内危险物料，通过装置的工艺管线和泵，将其抽排至安全的储罐中，减少事故区域危险源。

6. 填充物料

填充物料是指通过提升或降低设备容器液面，减缓、控制、消除险情的控制措施，具体措施如下。

① 精馏塔、稳定塔、初分馏塔、常压塔、减压塔、解析塔、反应釜、重沸器、空冷器、计量罐、回流罐等设备容器，因灭火需要达到控制燃烧的目的，采取提升或降低设备容器液面的工艺措施。

② 容器气相成分多，饱和蒸气压大，系统超压有可能发生爆炸，可采取提升设备容器液面、减少气相比例，同时加大设备容器外部消防水冷却，达到避免爆炸的目的。

③ 正压操作系统为防止燃烧后期发生回火爆炸，往往采取提升液面、减少设备容器内部空间的防回火措施。

④ 为保护着火设备，同时采取物料循环、提升液面配合措施，达到外部强制消防水和内部液体物料循环的双重冷却目的。

7. 工艺参数调整

发生事故时，生产装置工艺流程和工艺参数等控制系统处于非正常状态，需对装置的流量、温度、压力等参数进行调整。控制系统一旦遭到破坏，DCS系统远程遥控在线气动调节阀失效，调节阀或紧急切断阀无法动作，则需派员到现场手动调节阀门，达到工艺调整的目的。具体方法如下。

① 流量调整：远程或现场手动对单元系统上游阀、下游阀、侧线阀切断或调节容器设备达到所需的液面或流速。

② 温度调整：远程或现场手动对重沸器、换热器、冷凝器调节提温或降温，保持塔釜系统达到所需的控制温度。

③ 压力调整：远程或现场手动调节控制温度和流量，达到系统所需的控制压力。

（二）消防处置措施

发生事故时，灭火救援力量要第一时间将灾情控制在发生事故的部位，避免引发大面积的连锁反应、超越设计安全底线，为后续处置带来困难。

泵、容器、换热器、空冷器等单体设备初期火灾事故，在采取关阀断料基础上，力争快速灭火；1个生产单元或2个以上生产单元及整套装置发生事故，一般形成立体火灾，过火范围大、控制系统受损，属于难于控制灾情，需要企业采取相应的工艺控制措施，灭火救援力量重点进行稀释分隔和强制冷却保护控制灾情发展；生产装置区及中间罐区发生大范围火灾并威胁邻近装置，属于失控灾情。这类灾情难于控制，研判决策需慎重，强攻、保护需根据灾情有所取舍。消防措施主要如下。

1. 侦察研判

煤化工装置火灾现场，因生产装置工况、物料性质、工艺流程、灾害类别、灾害程度、地理环境等复杂因素影响，火灾蔓延速度快，火场瞬息万变，险情时有突发，后果难以预测，灭火救援力量到场后，迅速地了解和全面掌握现场情况，才能为控制初期发展的火灾制订科学的决策。

因此，应加强火场侦察，全面掌握现场情况，包括：事故装置生产类别、主要原料及产品性质，装置工艺流程及工艺控制参数，着火设备所处部位及工艺关联的流程、管线走向，邻近设备、容器、储罐、管架等受火作用的程度，事故装置所处控制状态，已采取的工艺和消防控制措施，消防水源等公用工程保障能力等。

调取事故装置平面图、工艺流程图、生产单元设备布局立体图、事故部位及关键设备结构图、公用工程管网图等基础资料，与生产工艺人员一道核对事故部位、关键设备及控制点现场信息，从事故发生部位入手分析判断灾情发展趋势。以事故部位工艺管线为起点延伸核对塔器设备、机泵容器等关联紧密的工艺流程，查看并确认事故部位辐射热对邻近设备及工艺系统温度、压力等关键参数的影响，并通过中央控制室 DCS（绿黄红）系统验证装置系统是否处于受控状态，为准确把握火场主要方面和主攻方向，迅速形成处置方案和部署力量奠定基础。

根据燃烧介质的特性，结合事故装置的生产特点，遵循灭火战术原则和作战程序，科学地预测分析、研判火情，做出正确的战斗决策，实施科学指挥和行动。

2. 切断外排

装置火灾爆炸一时难以控制时，应首先考虑对装置区的雨排系统、化污系统、电缆地沟、物料管沟的封堵，防止回火爆炸波及邻近装置或罐区。切断灭火废水的外排，达到安全环保处置要求。

3. 冷却控制

煤化工装置事故处置过程中，实施及时的冷却控制是消除或减弱其发生爆炸、倒塌撕裂等危险的最有效措施。指挥员应分清轻重缓急，正确确定火场的主要方面和主攻方向，对受火势威胁最严重的设备应采取重点突破，消除影响火场全局的主要威胁。

（1）冷却重点

① 燃烧区内的压力设备受火焰的直接作用，其发生爆炸的危险性最大，应组织力量对其实施不间断地冷却。部署力量扑灭有爆炸危险设备周围的火势，减弱火焰对设备的威胁，为冷却抑爆创造有利条件。

② 燃烧区邻近设备容器、管道、塔釜热辐射和热对流作用，其发生爆炸的危险性大，应在部署力量控制火势蔓延的同时，根据距着火设备的远近及危险程度，分别布置水枪水炮阵地实施对受热面的充分冷却。

指挥员应根据着火设备爆炸的可能性大小，部署主要力量冷却抑爆，或安排少量力量冷却防止着火设备器壁变形撕裂。

（2）冷却方法　应根据不同的对象及所处状态采取不同的冷却方法。

① 对受火势威胁的高大的塔、釜、反应器应分层次布置水枪（炮）阵地，从上往下均匀冷却，防止上部或中部出现冷却断层。

② 对着火的高压设备，要在冷却的同时采取工艺措施，降低内部压力，但要保持一定的正压。

③ 对着火的负压设备，在积极冷却的同时，应关闭进、出料阀，防止回火爆炸。

在必要或可能的情况下，可向负压设备注入氮气、过热水蒸气等惰性气体，调整设备系统内压力。此外，在冷却设备与容器的同时，还应注意对受火势威胁的框架结构、设备装置承重构件的冷却保护。

4. 堵截蔓延

由于设备爆炸、变形、开裂等原因，可能使大量的易燃、可燃物料外泄，必须及时实施有效的堵截。具体方法如下。

① 对外泄可燃气体的高压反应釜、合成塔、反应器、换热器、回流罐、分液罐等设备火灾，应在关闭进料控制阀、切断气体来源的同时，迅速用喷雾水（或蒸汽）在下风方向稀释外泄气体。

② 地面液体流淌火，应根据流散液体的量、面积、方向、地势、风向等筑堤围堵，把燃烧液体控制在一定范围内，或定向导流，防止燃烧液体向高温、高压装置区等危险部位蔓延。

③ 塔釜、高位罐、管线等的液体流淌火，首先应关阀断料，其次对于上述设备的过火部位应加强冷却；对地面燃烧液体，按地面流淌火处理。

④ 对明沟内流淌火，可用泥土筑堤等方法控制火势，或分段堵截；对暗沟流淌火，可采取堵截在一定区域内，然后向暗沟内喷射高倍泡沫，或采取封闭窒息等方法灭火。

5. 驱散稀释

对装置火灾中已泄漏扩散出来的可燃或有毒的气体和可燃蒸气，利用水幕水枪、喷雾水枪、自摆式移动水炮等喷射水雾、形成水幕实施驱散、稀释或阻隔，抑制其可能遇火种发生闪爆的危险，降低有毒气体的毒害作用，防止危险源向邻近装置和四周扩散。具体方法如下。

① 在事故部位、单元之间设置水幕隔离带。

② 在泄漏的塔釜、机泵、反应器、容器或储罐的四周布置喷雾水枪。

③ 对于聚集于控制室、物料管槽、电缆地沟内的可燃气体，应打开室内、管槽的通风口或地沟的盖板，通过自然通风吹散或采用机械送风、氮气吹扫进行驱散。

6. 洗消监护

在装置火灾熄灭后，外泄介质及灭火废水得到控制的条件下，对事故现场进行洗消作业，并安排必要的力量实施现场监护，直至现场各种隐患消除达到安全要求。

四、甲醇（醇类）储罐灭火救援

甲醇储罐因其特殊的火灾燃烧特性，故有其特殊的灭火救援技术。

（1）准确辨识储罐类型　煤化工企业储存成品甲醇一般为内浮顶储罐，但需根据实际情况根据预案、询问厂方、现场观察等方法确定事故罐类型。钢制浮盘按密封圈对待，其他按全液面准备泡沫药剂。

（2）准确研判现场风险　要特别注意甲醇燃烧特性对现场处置带来的风险，要充分利用热成像仪监控现场情况，根据风向、检测结果等情况判断现场灾情。指挥员、安全员一定要配备热成像仪，尽量减少储罐周边战斗员，力量尽量布置在地势高的地方或受泄漏影响小的地方，防止发生流淌火而现场战斗员不易察觉造成人员伤亡。

（3）利用好固定-半固定消防设施　一是对于固定-半固定泡沫系统还有效的储罐，要根据现场情况，严格按操作程序利用好设施，确保充分发挥好泡沫灭火剂效能。要严控一到现场就启动，一启动就失效或长时间开启的情况。二是要利用好氮封设施，打开直通阀注氮灭火，或利用干粉消防车保障氮源。

（4）调用药剂确保合理充分　当现场处置时间较长、储罐储量较大需要调集泡沫时，应调集抗醇类泡沫且泡沫型号、比例一致。现场发起总攻时，泡沫供给强度要按一般油品的两倍进行计算，进攻时间不低于半小时。

五、灭火救援注意事项

粉尘爆炸、封闭半封闭厂房事故、甲醇储罐火灾爆炸事故是煤化工有别于石油化工的特殊灾害类型，是本章乃至本书的重中之重，现将灭火救援注意事项进行归纳，供广大指战员参考。

（1）侦察检测　一是要注意对目前常配备的"四合一"侦检仪器的使用和维护保养，要及时进行标定，防止事故状态下失效、失灵；二是要准确研判工况、灾情、事故部位及风险点等关键问题，确保整个灭火救援行动处于可控、安全的前提下。

（2）工艺处置　要牢固树立工艺处置优先的理念，通过平时的演练等工作，真正做到工艺与移动消防力量的各司其职，井然有序。

（3）安全防护　处置本章重要的三种灾情时，要注意防爆、防热辐射、防同位素辐射的三防工作，通过合理的个人安全防护及技战术，确保现场处置人员的安全。

（4）装备调集　针对煤气化厂房、醇类火灾，一定要有针对性地调集力量，做到有的放矢。如调集举升高度较高的高喷车，调集足够多的抗醇泡沫。

（5）消防技战术　按照"先控制，后消灭"的原则，慎重选择如内攻的消防技战术，这也是化工火灾有别于建筑火灾的重要特点。

思　考　题

1. 简述煤制甲醇的工艺路线。
2. 简述三种煤气化工艺并说明其主要区别。
3. 煤气化厂房的火灾危险性有哪些？
4. 如何处置粉尘爆炸事故？
5. 处置煤气化厂房事故时，有哪些要点和注意事项？
6. 处置甲醇等水溶性介质储罐时，有哪些要点和注意事项？

第三章

煤制天然气生产事故灭火救援

煤制天然气是指以煤为原料，通过一系列物理化学变化最后得到天然气的工艺路线。2017年我国进口天然气926亿立方米，对外依存度高达39.02%，其中煤制气产量仅20亿立方米左右。《煤炭深加工产业示范"十三五"规划》将煤制气的功能定位为：协同保障进口管道天然气的供应安全，解决富煤地区能源长距离外送问题，为大气污染防治重点区域工业、民用、分布式能源（冷热电三联供）、交通运输提供清洁燃气，替代散煤、劣质煤、石油焦等燃料，有效降低大气污染物排放。

基于此，随着居民天然气用量的进一步增加，各地煤改气工程的推进，为改善大气质量推动的天然气发电项目的增多，天然气消费量将持续大幅增长，短期内供给缺口将呈现逐年扩大的趋势，供不应求的局面将持续存在。煤制天然气是实现煤炭资源清洁转化的典型代表，是对国内开发和引进天然气资源的补充，发展煤制天然气能不断完善我国天然气产、供、销、储源体系，确保天然气供应安全。我国能源格局、能源结构决定了煤制天然气将是今后现代煤化工发展的热点方向，该类型的事故也是消防救援队伍面临的新课题和难点。

与传统LNG接收站相比，煤制天然气具有相似的地方也有其自身特点。LNG接收站主要涉及液-气两相的转化，而煤制天然气涉及固-气-液三相的转换。因此从火灾防控和灭火救援角度讲，煤制天然气的火灾风险性更高，处置难度更大。

本章系统介绍了煤制天然气的主要工艺流程，通过分析其火灾危险性，以期使读者掌握相应的灭火救援措施及注意事项，同时也简单介绍了相应的急救知识，供救援人员参考。

第一节　煤制天然气工艺路线概述

煤制天然气目前主要有直接法和间接法两种加工工艺。直接法煤制天然气技术是以煤为原料直接合成甲烷，进而得到煤制天然气的方法。直接法煤制天然气技术又称为蓝光技术，目前主要是在美国开发与应用。我国直接法煤制天然气技术还处于初始阶段，还未进行工业化生产。间接法煤制天然气技术是先将煤转化为合成气体，通过甲烷化得到SNG（代用天然气，Synthetic Natural Gas）的方法。间接法煤制天然气的关键技术是甲烷化，其主要流程为：气化、变换冷却、净化、甲烷合成、干燥压缩。本节将着重介绍目前在我国应用较为广泛的间接法煤制天然气工艺路线，其工艺流程如图3-1所示。

由于间接法煤制天然气工艺路线的煤气化装置与第二章内容相似，在此不再进行详述。

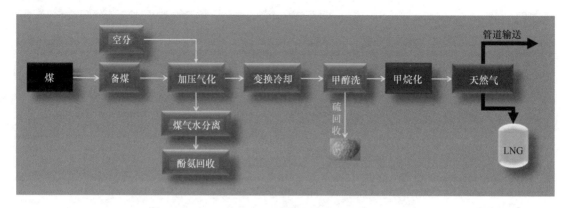

图 3-1　间接法煤制天然气工艺流程

甲烷化工艺原理是将低温甲醇洗送来的气体中所含的 CO 及少量 CO_2 在催化剂作用下进行加 H_2 反应，生成 CH_4 和 H_2O，同时放出大量的热。化学反应方程式为：

$$CO+3H_2 \Longrightarrow CH_4+H_2O+206kJ/mol$$
$$CO_2+4H_2 \Longrightarrow CH_4+2H_2O+165kJ/mol$$
$$CO_2+H_2 \Longrightarrow CO+H_2O-41kJ/mol$$

由上述方程式可知，此甲烷化反应为体积缩小的、强放热反应。

丹麦托普索（Topsoe）公司 TREMP、英国戴维（Davy）及德国鲁奇（Lurgi）甲烷化技术是世界上应用较早、较为广泛的工艺技术。各种煤制天然气技术在流程上基本一致，其核心工艺点主要是催化剂的不同。我国首家由国家发改委核准的大型煤制气示范项目——内蒙古大唐国际克什克腾煤制气及其配套输气管线项目就采用了英国戴维公司的甲烷化技术，而另一家国家煤制天然气示范企业内蒙古汇能煤化工有限公司则采用了丹麦托普索公司的工艺。近年来，在上述工艺技术的基础上，我国加大自主研发，开发出了北京煤化学研究所两段炉水煤气常压甲烷化、西北化工研究院甲烷化技术等工艺。本节将简要介绍前三种甲烷化技术，各种甲烷化技术特点及催化剂见表 3-1。

表 3-1　各种甲烷化技术特点及催化剂

技术名称	技术特点	催化剂
丹麦托普索（Topsoe）公司 TREMP 甲烷化技术	生产高压过热蒸汽,低投资,冷却水消耗量极低,产品富甲烷气,符合城市煤气质量标准,甲烷化进料气压力高达 8.0MPa	采用 MCR-2X 催化剂,使用温度范围宽(250～700℃),CO 转化率高,甲烷选择性大,催化剂寿命长,工业示范运行 4×10^4 h,但催化剂不耐硫
英国戴维（Davy）甲烷化技术	可产出高压过热蒸汽和高品质天然气,甲烷化压力高达 3.0～6.0MPa	已经经过工业化验证,具有变换功能,合成气不需要调节 H/C 比,转化率高,使用范围很宽,在 230～700℃ 范围内都具有很高且稳定的活性
德国鲁奇（Lurgi）甲烷化技术	可制取合格的天然气,其中 CO 转化率可达 100%,CO_2 转化率可达 98%,产品甲烷含量可达 95%,完全满足生产天然气的需求	采用 Davy 公司的催化剂
法国煤气综合发展公司（GI）甲烷化工艺	反应压力为 2.5MPa,该工艺具有效率高、能耗低、流程简单、投资省、运行成本低等优点	美国煤气研究院(GRI)耐硫甲烷化催化剂,其操作条件为:常压至 6.8MPa,240～649℃,H_2/CO 比可从 3:1 变化到 0.4:1,硫含量可达 1%,寿命在一年以上

续表

技术名称	技术特点	催化剂
北京煤化学研究所两段炉水煤气常压甲烷化	采用四段绝热床一次通过,设备简单、投资省、操作容易,开停车方便,产品富甲烷气,符合城市煤气质量标准	活性高,耐热性能好,起活温度低,经过1000h寿命试验,活性基本无变化,使用寿命可达一年,但催化剂不耐硫
中科院大连化物所M34822A型常压耐高温煤气直接甲烷化工艺	CO含量可控制在10%以下,达到了城市煤气的质量要求,工艺脱硫剂成本较高	性能稳定,活性、选择性高,甲烷选择性在60%~70%,抗积炭良好,催化剂寿命0.5~1年,但催化剂不耐硫
西北化工研究院甲烷化技术	多段固定床甲烷化,建成北京顺义$10×10^4m^3/d$煤气甲烷化项目	JRE型耐高温煤气甲烷化催化剂,催化剂耐硫

一、甲烷化技术

主要从目前最为常见的间接法煤制天然气技术进行介绍,分别是戴维甲烷化工艺、丹麦托普索 TREMP 甲烷化工艺及鲁奇甲烷化工艺。

（一）戴维甲烷化工艺

该工艺采用镍基催化剂,需用脱硫槽脱除原料气中的硫,避免硫影响镍催化剂活性。甲烷化催化剂还原化学方程式:

$$NiO+H_2 = Ni+H_2O$$

在一定的条件下,镍基催化剂还可能发生以下副反应:

析碳反应:$2CO = CO_2+C$

羰基镍反应:$Ni+4CO = Ni(CO)_4$

这些副反应均可影响甲烷化催化剂的活性,且羰基镍为剧毒物。

戴维工艺一般有4个绝热反应器,原料气分2股分别进入第一、第二反应器。在第一反应器和第二反应器间设有循环管线（即二段循环）,以防止第一反应器出口超温。反应器出口处设有废锅或换热器回收反应热,提高热效率。戴维甲烷化工艺流程如图3-2所示。其装置如图3-3所示。

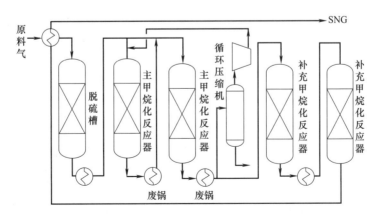

图 3-2　戴维甲烷化工艺流程

图 3-3　戴维甲烷化装置

（二）丹麦托普索 TREMP 甲烷化工艺

MCR-2X 为该工艺所采用的催化剂，与戴维工艺相同，也是镍基催化剂，也需用脱硫槽脱除原料气中的硫，避免影响镍催化剂活性。TREMPTM 甲烷化工艺一般有 5 个绝热反应器，原料气分成 2 股分别进入第一、第二反应器。在第一反应器设有循环管线（即一段循环），以防止第一反应器出口超温。反应器出口处设有废锅或换热器回收反应热，提高热效率。TREMPTM 甲烷化工艺流程如图 3-4 所示。

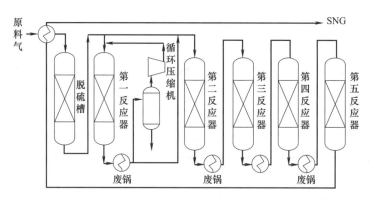

图 3-4　TREMPTM 甲烷化工艺流程

（三）鲁奇甲烷化工艺

鲁奇甲烷化工艺流程如图 3-5 所示。一般有 3 个绝热反应器，原料气分成 2 股分别进入第一、第二反应器。在第一反应器和第二反应器间设有循环管线（二段循环），以防止第一反应器出口超温。反应器出口处设有废锅或换热器回收反应热，提高热效率。与戴维甲烷化工艺不同的是，补充甲烷化反应器只有一个，脱硫槽在 SNG 换热器前。催化剂为镍基催化剂，活化温度 $250\sim290℃$，可在 $550\sim700℃$ 高温下操作。

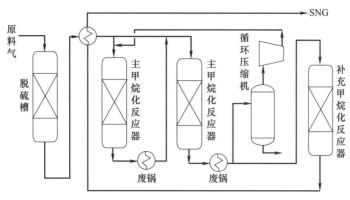

图 3-5 鲁奇甲烷化工艺流程

二、液化制冷单元

经甲烷化装置制备的天然气要经脱二氧化碳、脱汞及脱水等工序脱去杂质后，利用三级制冷冷却至−164℃，其工艺流程如图 3-6 所示。

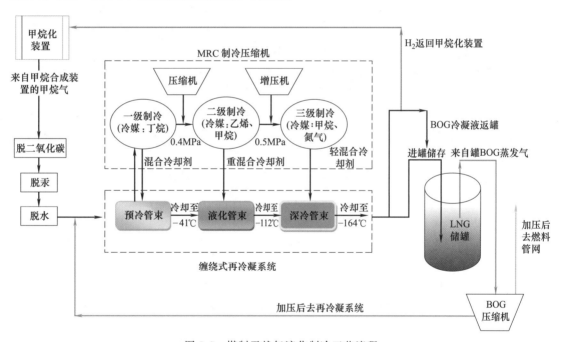

图 3-6 煤制天然气液化制冷工艺流程

第二节 煤制天然气装置火灾危险性

间接法煤制天然气工艺路线的煤气化装置与第二章内容相似，因此火灾危险性也相似，危险源主要为 H_2、CO 及放射源，此外气化厂房高、大、密也给灭火救援工作带来很大困难。本节主要介绍甲烷化装置及液化制冷单元的火灾危险性，主要从物料、工艺及设备等方面进行阐述。

一、危险性物料

甲烷化及液化制冷单元生产中使用的原料、辅助原料、化学品及所产生和储存的产品大部分具有易燃、易爆、有毒、有害、腐蚀等危害性。除具有其他煤化工生产工艺路线常见的 CO、H_2、H_2S 等有毒有害物质外，还有其特殊物料，主要有甲烷、镍基催化剂及各类冷媒。

（一）甲烷

甲烷以气态大量存在于甲烷化装置内，以气-液两相存在于液化制冷单元，以液态存在于 LNG 储罐内。

1. 甲烷的物理特性

无色、无味易燃气体，引燃温度为 538℃；燃烧热为 890.3kJ/mol；相对密度（空气＝1）为 0.5548（273.15K、101325Pa）；临界温度为 −83℃；临界压力为 4.59MPa；微溶于水，溶于醇、乙醚。

2. LNG 的性质

（1）温度低　在大气压力下，LNG 沸点在 −162℃ 左右。

（2）液态的密度远远大于气态密度　1 体积液化天然气的密度大约是 1 体积气态天然气的 625 倍，即 1 体积 LNG 大致转化为约 625 体积的气体。

（3）泄漏特性　LNG 泄漏到地面，起初迅速蒸发，当热量平衡后便降到某一固定的蒸发速度。当 LNG 泄漏到水中会产生强烈的对流传热，在一定的面积内蒸发速度保持不变，随着 LNG 流动泄漏面积逐渐增大，直到气体蒸发量等于漏出液体所能产生的气体量为止。泄漏的 LNG 以喷射形式进入大气，同时进行膨胀和蒸发，与空气进行剧烈的混合，可能发生沸腾液体扩展为蒸汽爆炸（BLEVE）。

（4）蒸发特性　LNG 作为沸腾液体储存在绝热储罐中，外界任何传入的热量都会引起一定量液体蒸发成气体，这就是蒸发气（BOG）。由于压力、温度变化引起的 LNG 蒸发产生的蒸发气处理是液化天然气储存运输中经常遇到的问题。

（5）快速相态转变（RPT）　两种温差极大的液体接触，若热液体温度比冷液体温度沸点温度高 1.1 倍，则冷液体温度上升极快，表层温度超过自发成核温度（液体中出现气泡），此过程冷液体能在极短时间内通过复杂的链式反应机理以爆炸速度产生大量蒸气，可能发生 BLEVE，这就是 LNG 或液氮与水接触时出现的 RPT 现象的原因。

3. 危险性概述

（1）健康危害　对人基本无毒，但浓度过高时使空气中氧含量明显降低，使人窒息，当空气中甲烷达 25%～30% 时，可引起头痛、头晕等，若不及时脱离，可致窒息死亡。

（2）环境危害　甲烷也是一种温室气体，温室效应要比二氧化碳大 25 倍。

（3）爆炸危险　甲类，爆炸极限 5.3%～15%；易燃，与空气混合能形成爆炸性混合物，遇热源和明火有燃烧爆炸的危险。与五氧化溴、氯气、次氯酸、三氟化氮、液氧、二氟化氧及其他强氧化剂接触剧烈反应。

（二）镍基催化剂生成羰基镍、羰基铁中毒

甲烷化装置停车过程中，因系统工艺气中含有 CO，当床层温度低于 200℃ 时，在 CO

环境中将生成微量剧毒的羰基镍，考虑可能置换不充分，前系统中也可能生成羰基铁，均能造成人员吸入和接触中毒。检修进入各反应器、工艺系统各换热器、管道内部作业或因置换、降温操作存在缺陷等原因，装置中可能产生羟基镍、羟基铁，而导致中毒事故发生。羰基镍存在于换热器、分离罐等冷却设备、管道附近。

侵入途径：该物质可通过吸入和经皮肤吸收到体内。20℃时该物质蒸发，迅速地达到空气中有害污染浓度。

健康危害：剧毒物质。吸入微量可导致心悸、胸闷、气短等。过量的摄入可导致严重的呼吸困难、咳嗽、咳大量粉红色泡沫痰，心动过速等。该物质刺激呼吸道。可能对中枢神经系统有影响，吸入蒸气可能引起肺水肿，接触可能导致死亡。

（三）低温冷媒

低温冷媒主要指液化制冷单元中用于与甲烷化装置生成的 SNG 进行换热使之液化的冷媒，主要有丁烷、乙烯、氮气等。其中乙烯温度为 −104℃，液氮温度为 −196℃。低温冷媒均有冻伤危害，丁烷及乙烯气化后还有爆炸风险。

二、甲烷化装置危险性

目前常见的三种甲烷化技术在原理上类似，现将其火灾风险性归纳如下。

（一）反应压力高，工段连续运行

甲烷化装置的反应压力达 3～8MPa，压力较高，火灾爆炸风险也随之增大。戴维、鲁奇甲烷化技术采用二段循环，丹麦托普索甲烷化工艺采用一段循环，其目的都是为了防止第一反应器出口超温，而一旦循环压缩机等循环系统出现故障，将直接影响后续反应器及补充反应器，引发连锁的火灾爆炸事故。

（二）硫系化合物多，催化剂贯穿于整个工序

三种甲烷化技术都采用了镍基催化剂，而硫会破坏其活性，因此进入反应器之前要进行脱硫，而硫系化合物多为剧毒物质，一旦发生泄漏，严重影响现场救援处置人员安全。镍基催化剂会生成羰基镍，而催化剂存在于甲烷化的反应器内，丹麦托普索甲烷化工艺更是 5 段反应器，存在羰基镍的概率大，现场处置风险增大。

（三）反应放热较多，蒸气爆炸风险性提高

甲烷化反应会放出大量热能，产生的蒸气为上一步煤气化装置提供热源，如发生蒸气管道的泄漏超压爆炸，有可能会发生蒸气爆炸并造成灼烫伤。

三、液化制冷、LNG 储存装置危险性

液化制冷装置冷媒较多，而冷媒温度均在 0℃ 以下，这意味着其常温常压条件下将不可避免有向着气相转化的趋势，因此一旦压缩机失效，冷媒和液化、半液化的甲烷将会气化，造成管道设备的超压，引发火灾爆炸事故。

LNG 泄漏可能对人体产生局部冻伤（如低温冻伤、霜冻伤）、一般冻伤（如体温过低，肺部冻伤）及窒息等危害。液化天然气泄漏后形成的冷气体在初期比周围空气密度大，易形成云层或层流。泄漏的液化天然气的气化量取决于地面、大气的热量供给。刚泄漏时气化率

很高，一段时间以后趋近于常数，这时泄漏的液化天然气就会在地面上形成液流，若无围护设施，就会沿地面扩散，易导致人员冻伤、窒息，遇到点火源可能引发火灾、爆炸。

当 LNG 泄漏气化形成蒸气云扩散到有限空间与空气形成爆炸混合物后，遇火源可能发生爆炸。蒸气云也可能在开放空间内与周围大气混合，一旦遇到点火源则发生大面积的爆炸（无约束蒸气云爆炸 UVCE），产生冲击波，对周围的人员和设施造成损伤或破坏。

第三节　灭火救援处置及注意事项

本节主要对甲烷化、液化制冷及 LNG 储存装置的灭火救援处置方法及技战术进行介绍，供救援人员进行参考。

一、火灾防控理念分析

甲烷化装置其循环系统和第一反应器出口温度是保证其整套系统平稳运行的关键，因此发生事故时，工艺及消防力量处置均要给予足够关注，采取相应措施降低风险。此外处置该套装置要强化对危险源的监控，尤其是要防止硫系化合物及镍基催化剂中毒，防止甲烷等各类易燃易爆气体爆炸。

液化制冷系统保证冷媒处于液态的关键设备为压缩机，发生事故时一旦压缩机停运或出现故障，整套装置的冷媒将开始气化导致火灾爆炸。因此工艺上要及时进行倒空、注氮及排空火炬操作，消防处置要利用水幕水带、喷雾水保护压缩机不受泄漏或热辐射的影响。此外，处置该类装置时，要注意现场人员的防冻，堵漏时要着防冻服，佩戴防冻手套。

LNG 以液态储存，常温常压条件下将不可避免有向着气相转化的趋势，且与常用灭火剂——水接触后会发生剧烈的热传递。因此，对储存装置的工艺核心点是对 LNG 气液两相变化的处理，通过 BOG 处理、火炬放空等措施，防止 LNG 气化过多、过快导致超压发生泄漏或爆炸，保持 LNG 储罐、各种液相、气相管路的压力平衡。基于上述原因，LNG 储存装置的防控理念是要保证其 BOG 工艺的运行，火炬放空能力始终处于气化天然气的产生量之上。因此，灭火救援中要优先保护制冷的工艺设备设施不受泄漏、火灾事故影响，为后续处置创造条件。

需要指出的是，制冷装置和 LNG 储存装置发生泄漏时，具有警戒范围广、易爆、低温等特点，灭火救援要实行"小兵团作战"，切实做好警戒、防爆、防冻等方面工作。

二、火灾事故处置

（一）工艺处置

采取紧急停车、物料放空、注氮、蒸汽灭火等措施进行处置。

（二）消防处置

（1）力量调集　煤制气装置厂区发生事故时，除调集常规针对化工类火灾泡沫、高喷等装备及编队时，还应着重调集防冻服、高倍数泡沫消防车、高倍数泡沫产生器及高倍数泡沫原液等。

（2）侦察研判　要迅速占领控制中心，结合现场情况，查明发生事故的部位、工况及物料等情况。与厂方工艺人员对接，了解企业的工艺路线、已采取的措施等情况。结合厂区平面布置、气象条件、灾情大小等进行研判，做好力量增援、紧急疏散的准备工作。

（3）启动固定消防设施　低温 LNG 储罐设有的固定消防设施，尤其是水系统要根据现场灾情慎重使用。对于泄漏灾情，不应使用水喷淋或固定消防水炮进行直接冷却，应尽量使用喷雾降低 LNG 浓度防止爆炸。

高倍数泡沫系统用于降低 LNG 泄漏物的蒸发速率、减轻泄漏物被点燃而发生火灾时热辐射的影响。高倍数泡沫发生器宜安装在集液池的常年上风向，围绕被保护面进行布置，便于有效释放高倍数泡沫。LNG 储罐进出管道发生泄漏事故，需紧急关闭事故段上下游阀门，减少或控制泄漏量，已泄漏液体经导流沟引至集液池。为防止集液池泄漏液体快速蒸发形成蒸汽云，需启动集液池固定高倍数泡沫系统，对集液池进行高倍数泡沫覆盖封冻，控制 LNG 蒸发扩散速度，为事故的后续处置创造条件。高倍数泡沫灭火系统见图 3-7。

(a) 码头区集液池及高倍数泡沫发生器

(b) 储罐区集液池及高倍数泡沫发生器

(c) 气化区集液池及高倍数泡沫发生器

(d) 储罐区 LNG 低温液体导流沟

图 3-7　高倍数泡沫灭火系统
1—高倍数泡沫发生器；2—高倍数泡沫液储罐

（4）阵地设置　在了解厂方工艺基础和火灾防控理念基础上，根据现场情况，阵地优先保护甲烷化装置的循环系统、制冷液化装置的压缩机及 LNG 储存的 BOG 系统。要尽可能减少现场作战人员，采取移动消防水炮设置阵地。

（5）攻坚灭火　在做好研判工作和各项工艺处置措施、泡沫药剂到位后，采取全泡沫战术对火点进行攻坚灭火。处置时，切忌"见火打火"，造成气体泄漏事故范围扩大。

图 3-8　处置 LNG 泄漏
事故的防冻服

（6）安全防护　阵地设置要注意避开各类容器封头、泄压口等地，强化现场对 CO、H_2S 及羰基镍等有毒危化品的监控，注意防止甲烷爆炸，防止冷媒、LNG 对处置人员造成的冻伤。需要指出的是，在进行关阀断料等有可能直接接触 LNG 的行动时，应着防冻服进行处置，切忌皮肤直接接触 LNG。防冻服如图 3-8所示。

三、泄漏事故处置

（一）泄漏源控制

对有毒有害物质（液态烃、汽油）和易燃易爆物质（可燃气体、液体）泄漏，可通过以下方法来控制。

1. 工艺控制

① 工艺管线：工艺管线上的焊口、法兰、阀门泄漏，压力表、温度计等附件接口泄漏，根据装置工艺输送管线唯一性的特性，对泄漏处采取关闭管线两端阀门断流控制泄漏源。管线两端无阀的连同设备一起停用，将设备切出隔离泄漏源。

② 容器泄漏，关闭所有的进、出口阀，向外倒空物料，向火炬线泄压。

③ 塔器泄漏，关闭所有的进、出口阀，向外倒空物料，向火炬线泄压。

④ 塔、容器泄漏，装置应紧急停工，关闭上、下游设备，局部隔离泄漏处。

⑤ 动力设备泄漏可采取停机切除、切换控制泄漏源。

⑥ 对泄漏口先用蒸汽胶带掩护，做好安全防护为先。

⑦ 对重大泄漏，可采取局部停车或装置全面紧急停工的方法控制泄漏源。

2. 消防处置

① 禁止出直流水对低温泄漏点及其管线、装置及 LNG 储罐等低温物料部位进行冷却。

② 设立阵地时，尽可能采用移动消防水炮出喷雾水进行稀释。

③ 启动高倍数泡沫固定消防设施。

（二）泄漏口处理

① 泄漏物被控制后，依据泄漏口具体情况进行换垫、焊接、补强、更换、检维修等堵漏。

② 根据情况采用带压堵漏措施，使泄漏暂停、减缓，确保暂时安全，争取一定的时间停止泄漏设备，再进行焊接、更换等完全处理。

（三）泄漏物的处理

① 泄漏被控制后，要及时将现场泄漏物进行收容、回收、覆盖、清理处理，使泄漏物得到可靠处置、防止二次事故发生。

② 气体泄漏时，用水蒸气、消防水炮向泄漏气体喷射雾状水驱散，加速气体向高空

扩散。

③ 泄漏物处理时防止沿明沟外流入雨排系统，扩大污染区域。

④ 当泄漏量较大时，立即向公司生产运行部和安健环部汇报，并启动相应的环保应急预案。

⑤ 泄漏量较小时，封堵下水井、地漏，防止泄漏物进入污水系统，并启用各区域围堰。

⑥ 泄漏量较大时，可用装置口上的防汛沙袋将装置低点围堵，防止泄漏物入雨排系统，使泄漏物料滞留在装置上回收，将泄漏物料引入含油污水系统尽快排走，避免发生环保事故。

⑦ 处理泄漏物时建立警戒区，预防着火，预防中毒。

四、现场急救

现场急救的原则是：发现中毒或其他受伤人员，应采取"立即、就地""先危重后较轻"的原则马上实施救护。现场急救一般按以下规程进行。

① 现场发现中毒人员后，救援人员在做好自身安全防护的前提下，迅速将中毒人员抬至空气新鲜的上风处。

② 中毒人员救出后，解开中毒人员领口、腰带，脱去被毒物污染的衣物，清除呼吸道异物，冬天注意保暖，夏天注意防晒。

③ 对于心跳、呼吸停止的重度中毒者，应按照立即、就地的原则，立即对中毒者实施心肺复苏（硫化氢中毒患者严禁做口对口人工呼吸），待中毒人员恢复呼吸和心跳后，迅速送往医疗中心救治，在专业急救人员未到达现场前，不可终止操作，专业急救人员到达后方可移交。

④ 对于轻度中毒者，有条件的应迅速给予吸氧，并及时送往医疗中心救治。

中毒救护注意事项如下。

① 在救护中毒人员的过程中，一定要佩戴好空气呼吸器等防护器材，在做好自身防护的前提下方可施救，严禁在无任何防护的情况下盲目施救。

② 在抢救工作中，救护人员若感到身体不适和呼吸困难，应立即撤出毒区。

在抢救过程中，救护人员必须随时注意自己使用的防护器材情况，若防护器材出现异常、空气呼吸器报警或气瓶压力降到 $4\sim6\text{MPa}$，要立即撤离毒区检查、更换。

③ 在实施中毒人员救护时，要安排人员做好气防车、120 急救车的引领，同时组织人员进行工艺处置，拉好现场警戒，防止无关人员误入毒区造成二次伤害。

（一）烧伤、烫伤的初期应急救护

（1）烧烫伤　身上着火时要立刻脱掉着火衣物或就地打滚或用棉被覆盖着火部位或跳进水池中。身上着火时切忌奔跑、用手灭火。

烧烫部位立即用凉水冲洗、浸泡或冰敷。皮肤起水泡的不要将其弄破，应去医院处理。

若衣物与皮肤粘连，不可忙于脱去，要将未粘连衣物剪去。

创面要用清洁的布料、消毒的纱布等包扎，防止感染。烧烫伤严重者要及时送医院治疗。

（2）化学性皮肤烧伤　立即将伤员移离现场，迅速脱去被化学物沾污的衣裤、鞋袜等。

用足量流动的清水冲洗创面 15～30min。

新鲜创面上不要任意涂油质药膏或红药水、紫药水，尽快就医。

（3）化学性眼烧伤　立即用流动清水冲洗，以免造成失明。冲洗时被烧伤的眼睛要在下方，防止冲洗过的水流进另一只眼睛。

无法冲洗时，可把脸部浸入清洁的水中，把眼皮掰开，眼球来回转动。洗涤 20min 以上。

（二）冻伤的初期应急救护

根据冻伤程度的轻重，进行保温，温水浸泡，涂冻疮膏，溃烂处应包扎。若误蹈雪坑、沟或落入冰水，大面积冻伤，应速到医疗中心救治。

冻伤早期治疗注意保暖，改善局部血液循环；积极参加运动，促进受冻手脚血液循环；揉按局部，使皮肤由紫变红。

轻度冻伤治疗每天将受伤部位手或脚浸泡在 38～42℃温水中，每次浸泡 10～20min，每天 2～3 次，浸泡后用柔软的干毛巾擦干。

中、重度冻伤治疗保温忌用火烤或用热水袋捂。可用冻疮膏或鱼石脂、樟脑酊等局部涂擦。

重度冻伤，应立即送医疗中心治疗。

（三）机械创伤的初期应急救护

（1）轻伤事故

① 立即关闭运转机械，保护现场，向单位领导汇报。

② 对伤者同时进行消毒、止血、包扎、止痛等临时措施。

③ 迅速拨打医疗中心电话，尽快将伤者送医疗中心进行防感染和防破伤风处理或根据医嘱作进一步检查。

（2）重伤事故

① 立即关闭运转机械，保护现场，并报告单位领导。

② 立即对伤者进行包扎、止血、止痛、消毒、固定等临时措施，防止伤情恶化。如有断肢等情况，及时用干净毛巾、手绢、布片包好，放在无裂纹的塑料袋或胶皮袋内，袋口扎紧，在口袋周围放置冰块、雪糕等降温物品，不得在断肢处涂酒精、碘酒及其他消毒液。

（四）触电伤害的初期应急救护

① 关闭电源开关。一旦发现有人触电，特别是在潮湿、水中作业时，救护人员应立即关闭开关、拉下电闸、拔出插头或取下保险，立即将触电者尽快脱离电源。

② 切断电线。若开关距离较远，救护人员则可采用各种方法，立即切断电线。如用电工钳剪断电线，或用绝缘的木柄刀、斧、锄、铲等斩断电源线，也可搭通火线、零线造成短路，使总电源跳闸等方法来切断电源。

③ 挑开电源线。如果无法采用上述方法时，应该迅速寻找干燥的木棒、竹竿等，将触电者身上的电源线挑开，禁止使用金属材料或潮湿的物体挑电源线，注意不要使电线弹到自己身上。

④ 拉开触电者。如上述方法都不能救出触电者，触电者又伏在带电物体上时，则可用

干绳子、布单等套在触电者身上，将其拉出。也可戴上绝缘手套将其拉出。此时救护人员要特别注意自身保护，如站在厚木板或棉被等绝缘物体上。严禁用手直接去拉电线或触电者，以防引起连锁触电。

⑤ 对触电者的抢救要尽量创造条件就地实施抢救，不要搬动触电者，要最大限度地争取抢救时间。

⑥ 触电者如出现心跳停止，救护人员应首先进行心前区叩击数次，若无效时则进行胸外心脏按压。

⑦ 触电者如呼吸停止，立即进行口对口人工呼吸。

⑧ 如触电者伤势严重，心跳、呼吸均停止，应同时进行人工呼吸和心脏挤压抢救。

⑨ 对触电受伤症状较轻或经抢救好转时，应让其安静休息，在送往医院的途中要注意观察，防止病情突然加重。

（五）羰基镍中毒初期应急救护

（1）眼睛接触　先用大量水冲洗几分钟，然后就医。

（2）吸入　立即转移至安全区域，采用半直立体位，大量吸入新鲜空气并进行休息。必要时进行人工呼吸，给予医疗护理。误服需饮大量温水催吐、就医。

（3）皮肤接触　脱去污染的衣服。冲洗，然后用水和肥皂清洗皮肤。给予医疗护理。二乙基二硫代氨基甲酸钠（Na-DDC）对急性羰基镍的络合作用较好。首次剂量为 25mg/kg，静脉注射；24 小时总剂量不超过 100mg/kg；雾化吸入 Na-DDC，每次剂量为 0.2g，每日 1～2 次。

需要指出的是，本章所介绍的现场急救方法同样适用于本书其他章节。但其方法仅供参考，目的是想突出初期救助的重要性，供读者参考。

思 考 题

1. 简述煤制天然气的工艺路线。
2. 煤制天然气装置的火灾危险性有哪些？
3. 处置含有低温物料的事故，其理念是什么？
4. 如何处置 LNG 火灾爆炸事故？
5. 处置 LNG 泄漏事故的要点有哪些？

第四章

煤制油生产事故灭火救援

　　煤制油是指以煤为原料，通过一系列物理化学变化最后得到汽油、煤油、柴油、石脑油及航空煤油等油品的工艺路线。煤制油主要有煤焦油通过加氢得到油品、煤间接液化及直接液化三条工艺路线。

　　现代煤化工主要采用间接液化的方法进行煤制油，其核心装置为费托反应器（F-T），目前我国煤间接制油的典型企业有内蒙古鄂尔多斯伊泰煤制油项目等。目前煤直接液化的大规模工业化企业还处于初期起步阶段，我国的鄂尔多斯煤制油分公司是目前全世界唯一的百万吨级煤直接液化商业化工厂，是煤直接液化的典型企业，同时也是保障我国能源国防战略安全的重点企业。煤制油装置框架高大、生产工艺条件苛刻，运行时物料体量较大，火灾风险性较高。本章主要介绍煤间接液化和煤直接液化两条路线，分析其火灾危险性，最后阐述相应的灭火救援技术和要素。

第一节　煤制油工艺路线概述

　　煤制油工艺路线主要有：传统煤化工通过干馏得到煤焦油后进一步加氢裂化得到相关油品，现代煤化工的间接、直接制油。现代煤化工的制油法，均是以 F-T 合成反应器和煤直接液化为中心，前部分与其他煤化工产业链类似，后部分的加氢裂化与传统石油化工加工路线类似，煤焦化制油产量、油品质量相对较低，因此现代煤化工的间接、直接制油将是煤制油工艺路线未来的发展方向，其原则工艺流程如图 4-1 所示。

图 4-1　煤制油原则工艺流程

一、煤间接液化

煤间接液化工艺路线主要采用费托合成制柴油工艺路线，主要由煤气化、净化、F-T 合成及粗油加氢精制与裂化等单元组成。其主要工艺流程如图 4-2 所示。

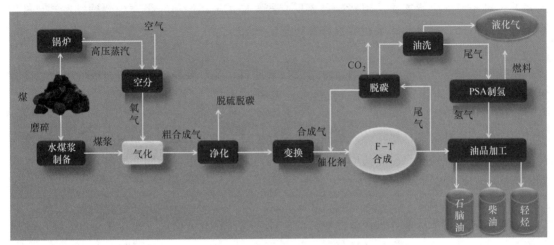

图 4-2　煤间接液化工艺流程

从图 4-2 中可知：煤气化与净化单元与其他煤化工产业链相似，粗油加工与分离单元的加工技术与石油化工相似，费托合成是其核心工艺，而费托合成催化剂又是整个合成过程中的关键技术。煤间接液化工艺路线主要为：煤气化→变换→净化→F-T 合成→加氢精制与裂化→产品。

煤气化、变换及净化单元在本书第二章已进行详述，本章主要介绍 F-T 合成单元和加氢精制与裂化单元。

（一）F-T 合成单元

经变换单元和净化单元分别调整比例和脱除酸性气体的煤气进入 F-T 合成反应器，在催化剂条件下，与制氢装置来的 H_2 进行反应，生产轻质石脑油、稳定重质油、稳定蜡等中间产品。主要由合成单元、催化剂还原单元、精脱硫单元、蜡过滤单元及尾气脱碳单元等组成。F-T 合成单元如图 4-3 所示。

1. 合成单元

费托合成单元以来自精脱硫单元的 F-T 净化气、来自尾气脱碳单元的循环气及来自尾气制氢装置的氢气为原料，生产轻质石脑油、稳定重质油、稳定蜡等中间产品。轻质石脑油和稳定重质油送油品加工装置进一步加工处理，稳定蜡送至蜡过滤单元脱除固体杂质后送油品加工装置。F-T 反应器一

图 4-3　F-T 合成单元

般高 50~70m，主要工作介质为氢气、CO、二氧化碳、液体石蜡混合物，成分复杂，设计压力为 3~4MPa，设计温度为 300~500℃。

2. 催化剂还原单元

催化剂还原单元为费托合成单元提供还原活化的催化剂，还原好的催化剂以浆料的形式，通过对还原反应器加压送至费托合成反应器。催化剂还原单元操作为间歇操作，其操作频率可根据费托合成单元的操作要求进行调整。

3. 精脱硫单元

精脱硫单元以来自净化装置的新鲜合成气为原料，经过精脱硫过程将合成气中的总硫含量降至 $0.05mg/m^3$ 以下，以满足费托合成反应的要求。

4. 蜡过滤单元

蜡过滤单元是将来自费托合成单元的稳定蜡及反应器定期置换催化剂排出的含高浓度废催化剂的渣蜡进行处理，脱除其中的铁离子等固体颗粒，把过滤后的合格蜡送至油品加工装置进行进一步处理。

5. 尾气脱碳单元

尾气脱碳单元是将来自费托合成单元的合成尾气、释放气中的二氧化碳脱除，脱除二氧化碳后的脱碳尾气一部分作为循环气返回费托合成单元，一部分送油品加工装置低温油洗单元回收烃类。

（二）加氢精制与裂化单元

加氢精制与裂化单元与石油化工企业的加氢精制单元类似，都是通过加氢把 F-T 合成反应产生出的重质油品的分子链打开，生成轻质油品的过程。

（1）加氢精制　从预处理单元馏出的石脑油进入加氢精制 1 塔进行提纯，从加氢精制单元馏出的轻、重柴油分别进入加氢精制 2 塔、3 塔进行提纯。最终得到高纯度的石脑油、轻柴油、重柴油。

（2）加氢裂化　预处理塔底的重组分进入加氢裂化单元（300~360℃的条件下），经过加氢重整后进入分馏塔，塔顶、侧线馏出轻柴油、重柴油，塔底重组分继续返回加氢裂化单元循环。

二、煤直接液化

煤直接液化技术是在高温高压条件下，通过加氢使煤中复杂的有机化学结构直接转化成为液体燃料的技术，又称加氢液化。其工艺流程是：首先由油煤浆制备部分将原料煤、补充硫、催化剂和由加氢稳定装置提供的供氢溶剂制备成油煤浆；反应部分是油煤浆和氢气在高温、高压和催化剂作用下进行反应，生成液化油的过程；分馏部分主要是将液化油与未反应的煤、灰分和催化剂等固体进行分离。分离后的液化油去加氢稳定装置，含 50% 固体的减压塔底油渣去成型装置。其工艺路线如图 4-4 所示。

煤间接液化是将"固态"煤先"气化"后"液化"的过程，与之相比，煤直接液化是油煤浆直接与氢气进行反应，反应器内"固液气"三相并存，因此称为"直接"液化。煤直接液化工艺主要由液化备煤装置、油煤浆制备装置、煤液化装置、加氢稳定及轻烃回收单元等装置组成。液化备煤本书第二章已进行过详述，加氢稳定与上文加氢精制与裂化单元类似，

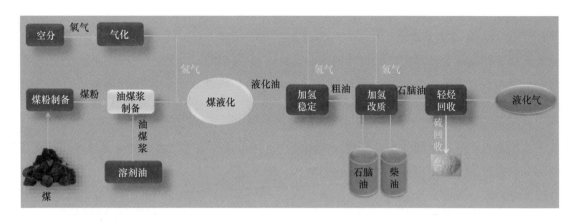

图 4-4 煤直接液化工艺路线

本章主要对油煤浆制备和煤液化装置的简要工艺流程进行介绍。

（一）油煤浆制备

油煤浆装置首先将原料煤（来自液化备煤装置）、补充硫、催化剂和加氢稳定装置来的供氢溶剂按一定比例制备成油煤浆，这就是油煤浆制备部分。油煤浆主要由溶剂油、煤粉及催化剂等组成。油煤浆溶剂油主要由石脑油、蒽油、洗油等组成，催化剂主要是铁系催化剂。油煤浆进入反应器前加氢的同时，要通过加热炉升温至 300℃以上进入反应器内。

（二）煤液化装置

煤液化反应部分是指油煤浆和氢气在高温、高压以及催化剂作用下进行反应，生成液化油的过程。反应器高 40m，设计容积 600t。主要工作介质为油气混合物，设计压力为 19MPa，设计最高温度 460℃，反应器为两段式，如图 4-5 所示。

油煤浆经加热与氢气混合后进入反应器反应，生成的油品顶部进行换热进入下游加氢稳定，底部的重质组分经换热、分馏后进入反应器循环，具体环节如下。

1. 油煤浆加热、混氢气

自油煤浆制备部分来的高压油煤浆分成四路与小部分补充氢混合进入油煤浆进料加热炉。

2. 加氢反应

经过油煤浆进料加热炉，混氢油煤浆加热至 365.5℃后与经过氢气加热炉加热至 538℃的其余氢气混合后至煤液化第一反应器。反应器入口温度 382.2℃，出口温度 455℃，一反设有循环泵，采用内循环模式。一反产物和氢气以及急冷油混合后至煤液化第二反应器继续进行煤液化反应，煤液化第二反应器也采用内循环操作方式。二反的反应产物经过急冷

图 4-5 煤直接液化反应器

后去热高压分离器。

3. 顶部气体换热分离

反应器得到混合油品中组分较低的油品，从闪蒸塔闪蒸出的热高分气体依次经过两段换热器分别与混合氢和加氢稳定进料换热，冷却至 285℃后进入中温高压分离器进行气液分离。分离出的气体经过温高分空冷器冷却至 54℃进入冷高压分离器。

4. 底部换热分离

从闪蒸塔底部出来的油煤浆经过减压阀减压进热中压分离器。热中压分离器底部热低分油去分馏装置，中温中压分离器分离出的液体一部分升压经过空冷器冷却后作为急冷油返回反应部分，另一部分去分馏部分。

第二节   煤制油装置火灾危险性

本节主要按照现代煤化工常见的煤制油工艺路线，从煤间接液化及直接液化两条工艺路线出发，按照其主要装置及火灾风险点进行分析，为下一节的学习奠定基础。

一、煤间接液化

煤制油（间接液化费托合成）产业链以费托合成单元为中点，备煤、空分、煤气化单元与其他煤化工产业链类似；费托合成单元后的加氢裂化与传统石油化工加工路线类似。因此，该条产业链"前后"的火灾风险均可对照其他产业链中相似的单元，中间的费托合成装置较高、工艺流程复杂，现场高温高压、火灾爆炸、有毒窒息、放射性污染等风险并存，与石油化工的催化裂化装置类似，是火灾防控关注和研究的重点，现将煤间接液化产业链的火灾危险性归纳如下。

（一）F-T 合成单元

① 工艺路线复杂，生产工艺条件苛刻，上下游关联紧密。一是煤间接液化属于现代煤化工与石油化工结合的技术，目前还没有达到完全的成熟，产品加工路线长，且工艺路线复杂，对企业的运行管理要求较高；二是工艺条件涉及高温、高压、低温等苛刻条件，在 5 个工序段内有 4 个是通过化学反应为下游工序提供条件，而反应器大多又是在高温高压条件下进行，火灾风险较高；三是每个单元上下游关联紧密，若单个部位或单元发生事故，极易导致灾情扩大甚至出现失控的局面。

② 临氢装置较多，单体设备体量较大。一是煤间接液化的每一个单元均有大量气/液状态的氢气存在，氢气易发生氢脆且爆炸风险高，是火灾防控与灭火救援的重点和难点；二是单体设备具有高度较大、容量较大、介质较为复杂的特点，尤其是气化炉与费托合成反应器，灭火救援处置难度极高。

③ 介质杂容量大，多种风险并存。整条工艺路线中，存在大量 CO、H_2、H_2S、CO_2、甲醇、液化烃及各类油品等多种有毒、易燃易爆物质，此外在气化炉和 F-T 合成反应器还有同位素料位计，在灭火救援过程中需要注意防毒、防热辐射、防爆、防辐射、防冻伤等多种风险。

（二）加氢精制与裂化单元

与石油化工加氢装置类似，其主要的火灾危险点如下。

① 整套装置中大量气/液态的氢气存在于炉、塔及各种容器内，若压力失衡则易引发氢气泄漏，而氢气具有易燃易爆、爆炸极限较宽（4.1%～74.2%）、点火能量较低（0.2×10^{-4}J）、燃烧时不易察觉等特点，火灾爆炸风险较高。

② 加氢反应器。反应器内介质易燃易爆，操作条件为高温高压，由于加氢裂化反应是放热反应，若温度控制不当就会超温，催化剂严重结焦，使反应器内压力升高，造成超压引起着火爆炸。另外高压氢与钢材长期接触后，还会使钢材强度降低，发生"氢脆"现象，出现裂纹，导致物理性爆炸，发生火灾。

③ 高压分离器。高压分离器既是反应产物气液分离设备，又是反应系统的压力控制点，若液面过高，会造成循环氢带液而损坏循环氢压缩机。若液面过低，易发生高压串低压而引发爆炸事故。

④ 循环氢压缩机。该设备是加氢裂化装置的心脏，它既为反应过程提供氢气，又为反应器床层提供冷氢，转速高达9000r/min左右，一旦故障停机供氢中断，会造成反应器超温超压而引发事故。

⑤ 加热炉。加氢裂化的加热炉与其他装置的不同，它是临氢加热炉，无论是炉前混氢，还是炉后混氢，新氢都要进加热炉预热，炉管内充满高温高压氢气，如炉管管壁温度超高，会缩短炉管寿命，当超温严重，炉管强度降到某一极限时，就会导致炉管爆裂，造成恶性爆炸事故。

二、煤直接液化

与煤间接液化相比，煤直接液化也是以煤直接液化反应为核心，"两头"分别与煤化工和石油化工类似，因此也具有临氢装置多、上下游关联紧密等特点。但与煤间接液化相比，煤直接液化生产工艺条件比间接液化更为苛刻，且装置含"固"运行，因此其火灾风险也更大，现将煤直接液化产业链的火灾危险性归纳如下。

① 工艺路线复杂，生产工艺条件苛刻。一是煤直接液化属于现代煤化工与石油化工结合的技术，国外还未进行大规模的工业化，产品加工路线长，工艺路线复杂，对安全操作要求较高，如违反操作规程或任意变更工艺参数，极易引发事故；二是加氢反应和产品精制分别在400～450℃、20～30MPa及380～390℃、15～18MPa下进行，反应条件比间接液化更高，高温高压工艺条件下火灾爆炸风险较高。

② 反应含"固"进行，安全操作要求高。与间接液化相比，煤直接液化是将溶剂油、氢气、煤粉与催化直接混合进行反应，固液气三相存在于同一反应容器内，由于油煤浆有固体煤粉的存在，容易发生物料堵塞事故，可能导致装置超压爆炸，安全操作要求高。

第三节　灭火救援处置及注意事项

在上一节分析了煤间接、直接制油火灾危险性的基础上，本节主要针对其自身灾情特点，介绍针对性的处置方法，供救援人员参考。

一、煤间接液化

（一）费托合成单元

费托合成塔高 60～70m，塔内物料最多可达 4000m³ 左右，且现场热辐射、有毒、窒息、爆炸、同位素辐射等风险同时存在。处置该类火灾时，要做好"五防"工作，提前制订紧急撤离路线，以"工艺处置优先"为原则，按部位、单元、装置、全厂的顺序停工停车，将事故控制在一定范围内即达到战术目的。处置要素如下。

① 费托合成反应单元热辐射、有毒、窒息、爆炸、同位素辐射等多种风险并存，处置该类火灾时，要做好"五防"工作，提前制订紧急撤离路线。

② 发生框架管线泄漏着火，工艺处置上采取紧急停车、关阀断料、紧急放空等措施，对上游装置进行停车，下游装置不停车，防止憋压爆炸，同时停止循环氢供应，按照先上游、后下游的顺序，逐一关阀断料；消防处置上要考虑车辆站位，采用远距离长干线移动水炮和高喷炮驱散稀释、冷却受火势威胁的着火临近设备和关联设备。

③ 发生地面流淌火，从上风向实施泡沫覆盖，流淌火面积大时要采取穿插分割的战术，优先部署力量保护受火势威胁的设备。

④ 发生装置立体火灾，战术上要采取全泡沫进攻，从地面先消灭流淌火，再控制装置上部火灾，配合应急注氮、控温控压等措施，直至最终消灭。

⑤ 由于费托装置是富氢装置，战术上防止氢气泄漏爆炸是关键，进攻时消防车应采取梯次进入的方法，防止明火引爆氢气。

（二）加氢精制与裂化单元

在处置加氢精制与裂化单元火灾时，应特备注意对氢气的防护，必须分梯次进入现场，携带侦检仪器，实时监测氢气含量，做好防爆工作。处置过程中严禁使用直流水对加氢反应器进行射水，选择阵地时尽量使用移动炮以减少现场处置人员。

二、煤直接液化

煤直接液化制油涉及油煤浆制备和直接液化装置，直接液化装置反应压力、温度较高，且物料多处于自燃点以上，因此处置过程中在秉持"工艺处置优先"理念的基础之上，要尽量避开各容器封头、泄压面，强化对现场风险的监控。

（1）战术层面　该装置一旦发生火灾，现场情况将十分复杂，灭火救援风险较大。处置时一要工艺先行，配合厂方及时采取紧急停车、关阀断料、火炬放空，根据工艺上下游关系，原则上先将下游切断再切断上游；二要特别注意高温超高压的工艺条件，尽可能减少现场操作人员。

（2）技术层面　根据战术原则，一要采取"远距离高喷车"战术，即铺设长干线用高喷车、移动水炮进行冷却；二要选择合适的泡沫灭火剂，反应器容量较大，最大可达 600t，且物料成分复杂，不应按照常规煤化工选择抗醇性水成膜泡沫，应选择氟蛋白等抗烧能力强的泡沫进行处置。

思 考 题

1. 简述煤间接液化的工艺路线。
2. 简述煤直接液化的工艺路线。
3. 简述煤间接液化的火灾风险性。
4. 简述煤直接液化的火灾风险性。
5. 简述处置煤制油装置事故的灭火救援要素。

第五章

煤制烯烃生产事故灭火救援

乙烯、丙烯作为主要的化工原料，其产量的高低往往被视为一个国家石化工业发达程度的标志。传统乙烯/丙烯等低碳烯烃的制备工艺路线是从石脑油和加氢尾油等石油制品蒸汽热裂解生产。煤制烯烃是指以煤炭为原料生产甲醇，进而由甲醇生产乙烯、丙烯等化工产品。煤制烯烃目前主要有 MTO（甲醇制烯烃）和 MTP（甲醇制丙烯）两种技术。

随着我国经济持续高速发展，原油进口量不断增加，能源安全问题愈发突出。采用煤制烯烃技术代替石油制烯烃技术，可以减少我国对石油资源的过度依赖，对推动贫油地区的工业发展及均衡合理利用我国资源都具有重要的意义。

煤制烯烃工艺路线前半部分与其他现代煤化工工艺相同，烯烃分离、聚合工艺与石油化工相同，其核心工艺主要是甲醇转化为烯烃。该条工艺路线较长，涉及固液气、高温及低温乙烯、丙烯等物料，聚合装置反应压力高，采用三乙基铝作为引发剂，对处置要求较高。本章主要对甲醇转化（MTO、MTP）、烯烃分离及烯烃聚合三个单元的工艺流程进行介绍，分析其火灾危险性，针对整条工艺路线的特点，着重阐述烯烃分离、三乙基铝及半冷冻球罐的灭火救援技术和要素。

第一节 煤制烯烃工艺路线概述

煤制烯烃技术主要包括煤气化、变换和净化、甲醇合成及精馏、甲醇转化（MTO、MTP）、烯烃分离和烯烃聚合共 6 个主要部分。其中甲醇转化是整条工艺路线的核心，其前部煤气化等与其他现代煤化工产业路线类似，后部烯烃分离和聚合采取与石油化工相同的工艺。其原则工艺流程如图 5-1 所示。

甲醇制取乙烯和丙烯的原理主要都是经过两个步骤：第一步是把甲醇转化为二甲醚，第二步是把二甲醚脱水生成乙烯和丙烯。主反应为：

$$2CH_3OH \longrightarrow CH_3OCH_3 + H_2O$$
$$xCH_3OH \longrightarrow C_xH_2x + xH_2O$$
$$xCH_3OCH_3 \longrightarrow 2C_xH_2x + xH_2O$$

具有代表性的 MTO 工艺有 UOP 公司的工艺、ExxonMobil 公司的工艺、中国科学院大连化学物理研究所（简称大连化物所）的工艺、中国石化上海石油化工研究院（简称上海石化院）的工艺。而国内大连化物所的 DMTO 技术和上海石化院的 SMTO 技术是较成功的

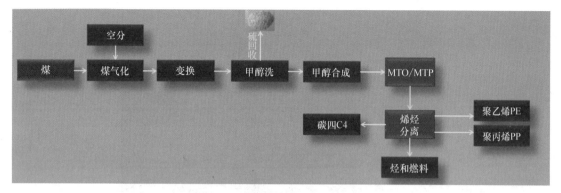

图 5-1 煤制烯烃原则工艺流程

商业化工业规模运行的典型 MTO 工艺技术，在国内所占的市场份额较大，本节将着重介绍上述两种技术，以期对其他技术的学习提供参考。

DMTO 和 SMTO 原理与工艺流程类似，大体包括甲醇转化单元和烯烃分离单元，两者主要的区别是催化剂的选用和工艺操作条件不同。甲醇转化单元类似于石油化工中的催化裂解工艺，烯烃分离单元类似于石油化工中乙烯裂解工艺的精制分离部分。

具有代表性的 MTP 工艺有 Lurgi 公司的工艺和清华大学的工艺。MTP 工艺与 MTO 工艺相似，但由于催化剂不同，工艺流程上有所区别。MTO 与 MTP 工艺比较见表 5-1。

表 5-1 MTO 与 MTP 工艺比较

项目	MTO	MTP
反应器	流化床	固定床
催化剂	磷酸硅铝分子筛	沸石基催化剂
反应压力/MPa	0.1～0.3	0.13～0.16
反应温度/℃	400～450	420～490
目标产品	乙烯:丙烯=(0.75～1.5):1	丙烯

一、甲醇转化工艺流程（MTO、MTP）

（一）MTO（甲醇制烯烃工艺）

与石油化工催化裂解装置相似，反应-再生单元也是 MTO 装置的核心单元，"再生"主要是指催化剂的循环利用。MTO 装置由反应-再生单元、进料气化及产品急冷单元组成。来自上游单元的甲醇与催化剂充分接触，在循环流化床反应器内发生反应，生成的产品气从反应器顶部排出，经旋风分离器，分离出催化剂，工艺气进入工艺气冷却器进行冷却，冷却后的工艺气进入急冷塔，对工艺气冷却、洗涤，通过洗涤除去工艺气中催化剂，同时也除去了一部分酸。塔顶工艺气去分离塔，从分离塔顶得到粗乙烯、丙烯。急冷塔底的水浆除了一部分回流外，还有一部分通过流量控制阀送至水浆过滤系统，过滤废水出装置。积炭的催化剂需再生以保持稳定的活性，催化剂的再生是先进行汽提，除去烃类，再送入再生器进行焦炭燃烧，烧焦后的再生催化剂通过再生脱气罐后，返回到反应器。MTO 装置如图 5-2 所示。

图 5-2 MTO 装置

（二）MTP（甲醇制丙烯工艺）

1. Lurgi 公司 MTP 技术

先将甲醇转化为二甲醚和水，然后在三个 MTP 反应器（两个在线生产、一个在线再生）中进行转化反应。甲醇、水、二甲醚混合进入第一个 MTP 反应器，同时还补充水蒸气。反应在 400～450℃、0.13～0.16MPa 下进行，每台反应器运行 22 天后进行再生。产物主要是丙烯，其次是汽油、LPG 和乙烯。其原则工艺流程如图 5-3 所示。

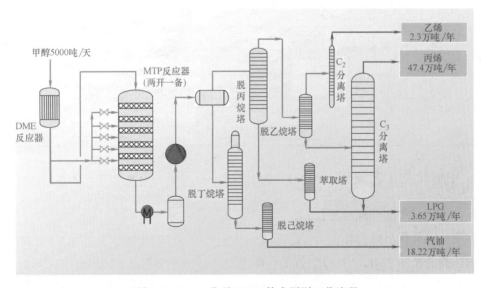

图 5-3 Lurgi 公司 MTP 技术原则工艺流程

此时甲醇和二甲醚转化为丙烯，它为烃类中的主要产物。为获得最大的丙烯收率，需要三个 MTP 反应器。反应出口物料经冷却，使气体、有机液体和水得到分离。该工艺选用的催化剂具有非常高的丙烯选择性，因为 MTP 工艺的催化剂结焦很慢，因而该工艺选用固定床反应器。催化剂结焦失活后，反应器切换到另一个反应器通入氮气和空气的混合物进行烧焦，以恢复催化剂活性，周期大约为一个月。其反应器如图 5-4 所示。

2. 清华大学 FMTP 技术

与 Lurgi 公司 MTP 技术相比，此工艺最大的特点是反应生成的乙烯、丁烯及戊烯组分均送回 EBTP 反应器，在催化剂的作用下继续反应生成丙烯。FMTP 核心——反应-再生系统主要包括：MCR 反应器、EBTP 反应器、再生器和气提器（俗称四器）。甲醇先在 MCR 反应器中转化为烯烃产物，再经分离丙烯后继续进入 EBTP 反应器继续反应；催化剂循环线路则相反，从 MCR 反应器出口的失活催化剂先进入再生器进行再生，之后返回至 EBTP 反应器。其流程如图 5-5 所示。

图 5-4　Lurgi 公司 MTP 装置
反应器单元

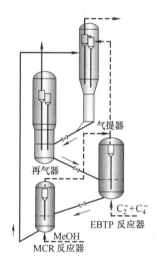

图 5-5　FMTP 工艺流化床
反应-再生流程

二、烯烃分离

烯烃分离与石油化工中乙烯裂解工艺的精制分离部分相似，通过脱除反应产物中的甲烷、氢等轻组分，C_4 以上重组分及 O_2、N_2、焦炭等少量氧化物和杂质，得到乙烯或丙烯，分离出的乙烯、丙烯还要进行制冷以液态的方式储存。本部分以 DMTO 烯烃方法进行介绍。

（一）乙烯/丙烯分离

烯烃分离装置的主要原料是甲醇转化装置来的工艺气，工艺气经三段压缩，先后进入氧化物水洗塔、碱洗塔，脱除携带的含氧化合物和酸性气体，脱酸后合格的工艺气进入工艺气压缩机四段进行压缩，气相直接送入工艺气干燥器，脱除水分后进入脱乙烷塔。

脱乙烷塔的作用就是把 C_2、甲烷等轻组分与 C_3 及以上重组分的物料进行分割。塔顶轻组分经冷却进入脱甲烷塔，在脱甲烷塔 CO、H_2、N_2、CH_4 等不凝气将与 C_2 组分彻底分离，塔顶轻组分进入乙烯回收塔，乙烯回收塔塔底液返回脱乙烷塔。

脱甲烷塔塔釜的高纯度 C_2 液体，进入 C_2 加氢反应器，主要目的是打开乙炔的碳碳三键，乙炔与配入的氢气反应生成乙烯和乙烷，经冷却、干燥后进入乙烯精馏塔，分离出乙烯。塔底重组分进入脱丙烷塔，脱丙烷塔的目的是对 C_3 组分和 C_4 及以上组分进行分割，脱丙烷塔塔顶 C_3 组分进入丙烯精馏塔，分离丙烯和丙烷，得到聚合级丙烯。脱丙烷塔底物料进入脱戊烷塔，脱戊烷塔塔顶得到合格的混合 C_4、C_5 等重组分原料。DMTO 烯烃分离工艺流程如图 5-6 所示。

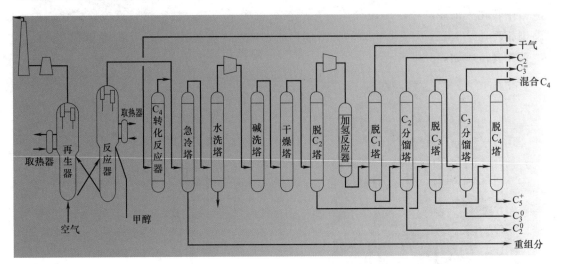

图 5-6　DMTO 烯烃分离工艺流程

（二）冷箱换热制冷

乙烯深冷主要是利用冷箱换热制冷，进入脱甲烷塔之前要对乙烯进行制冷。冷箱是一组绝热保冷的低温换热设备，在深冷分离过程中经常采用。它由结构紧凑的高效板式换热器和气液分离器所组成。因为低温极易散冷，要求极其严密的绝热保冷，故用绝热材料把换热器和分离器均包装在一个箱形物内，称之为"冷箱"。

如图 5-7 所示，经预处理后的工艺气由 0℃、−20℃、−43℃丙烯冷冻剂降温到−37℃的 a 点，在气液分离罐分离出凝液 c 点，作为脱甲烷塔第一股进料。气体 b 点经冷箱换热器和−56℃、−70℃乙烯冷冻剂降温到−65℃，分离出凝液 e 点，作为第二股进料。气体 d 点经冷箱换热器和−101℃乙烯冷冻剂降温到−96℃，分离出凝液 g 点，作为第三股进料。气体 f 点经冷箱换热器降温到−130℃，分离出凝液 i 点，作为第四股进料。气体 h 点经理想换热器后，分离出主要含甲烷的凝液 k 点，经过节流膨胀阀降温到−160℃，然后冷冻剂依次经过五个冷箱换热器最后引出。气体 j 点主要含氢气，冷冻剂经过五个冷箱换热然后引出。四股进料在脱甲烷塔中精馏分离，塔顶主要含甲烷，经节流膨胀制冷，依次通过四个冷箱换热器。烯烃分离冷箱如图 5-8 所示。

三、烯烃聚合

烯烃聚合主要是利用烯烃分离得到的聚合级乙烯或丙烯，在催化剂条件下，生成高分子化合物聚乙烯或聚丙烯的工艺方法。从反应条件分，主要有高压聚乙烯和低压聚乙烯两种方法；从反应器形状分，主要有管式和釜式两种。

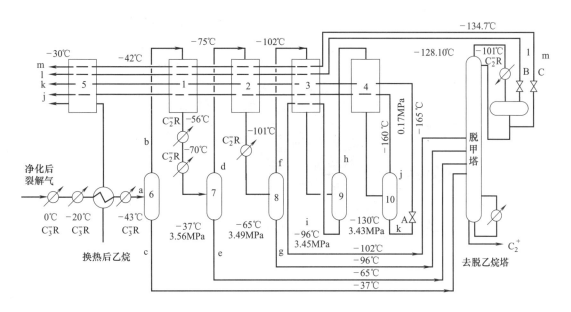

图 5-7 冷箱换热制冷原理图

1～5—板翅式换热器；6～10—气液分离罐；A，B，C—节流阀

图 5-8 烯烃分离冷箱

（一）聚乙烯装置

1. 线性全密度聚乙烯装置

线性聚乙烯装置也叫气相聚乙烯装置，又称线性低密度聚乙烯（LLDPE）装置。该工艺技术是以乙烯（C_2H_4）为原料，1-丁烯（C_4H_8）或 1-己烯（C_6H_{12}）为共聚单体、氢气（H_2）为链转移剂（又称链终止剂），使用钛系或铬系专利催化剂，在气相流化床反应器中进行聚合反应，生产高、中、低密度的聚乙烯树脂。线性全密度聚乙烯装置是精制的气相乙烯、1-丁烯或 1-己烯及氢气的混合物与催化剂连续加入到流化床反应器内进行聚合反应，聚合反应的温度为 84～105℃、压力为 2.1～2.4MPa，生成高分子聚合物。聚合产物进入脱气及排放气回收系统，脱气后气体返回聚合系统循环利用，聚合物进行挤压造粒，得到聚乙烯产品。低压聚乙烯装置如图 5-9 所示。

图 5-9　低压聚乙烯装置

2. 釜式高压聚乙烯装置

聚合反应器采用 1.5m³ 高压釜式反应器，引发剂为有机过氧化物（三乙基铝），引发剂的溶剂采用异构十二烷，调节剂根据生产产品牌号的不同，分别使用正丁烷和丙烯。三乙基铝（引发剂）储罐如图 5-10 所示。

图 5-10　三乙基铝（引发剂）储罐

釜式高压聚乙烯装置是以乙烯为原料，乙烯经压缩后分七股分别进入反应器的不同入口，引发剂为有机过氧化物的混合物，引发剂分四点注入反应器引发聚合反应，聚合反应的温度为 150～270℃、压力为 120～200MPa，生成高分子聚合物。聚合物从聚合釜出来先后进入高、低压分离器，分离出的乙烯气体循环利用，聚合物送至造粒、掺混和风送、储存、包装等工序，最后得到聚乙烯产品。

3. 管式法高压聚乙烯装置

管式法高压聚乙烯装置是以乙烯为原料，乙烯在高压条件下发生自由基聚合反应，生成聚乙烯产品。该工艺技术中反应器采用多管径形式，有两路冷侧线进料，脉冲工艺，五个引

发剂注入点，单程转化率高。管式法高压聚乙烯装置生产原料乙烯经过压缩后进入反应器的
不同入口，引发剂有机过氧化物的混合物在反应器
上分五点注入，引发聚合反应。可根据产品牌号不
同，调整注入点的位置和引发剂的组成。由于乙烯
聚合为放热反应，反应热可通过夹套公用水的热传
递和注入冷乙烯（采用侧线进料方式）两种方式带
走。聚合混合物从反应器的出口经过减压、冷却、
分离等工序后，分离出的乙烯循环利用，聚合物进
入热熔融挤出机，经水下造粒，干燥，通过风机输
送到掺混料仓，经脱气和掺混后输送到包装料仓，
最后包装出厂。环管反应器如图 5-11 所示。

图 5-11　高压聚乙烯环管反应器

（二）聚丙烯装置

1. 固定床聚丙烯装置

气相聚丙烯装置聚合反应器是两个卧式搅拌床
气相反应器，使用主催化剂和助催化剂。催化剂加
入第一反应器，经过精制的丙烯加入两个反应器，
乙烯和氢气根据牌号不同加入第一或/和第二反应
器，丙烯在反应器中以气相的状态连续聚合，通常
反应温度为 66℃，压力为 2.21MPa。粉料从第一反应器出来，通过一个气锁系统而进入第
二反应器中，进一步地进行丙烯/乙烯聚合。气锁系统是在两反应器之间传送粉料和隔离反
应器，以避免循环气的相互串流。聚合反应之后，粉料在袋滤器中与气体分离，在脱气仓中
脱活和干燥，然后进入混炼机/齿轮泵系统，加入稳定剂，进行混炼和造粒。成型的粒料被
送去掺和，进行均化处理，然后送至储罐，准备包装。

2. 环管法聚丙烯装置

环管法聚丙烯装置的聚合反应首先在预聚反应器中进行，反应温度为 10～20℃；压力
为 3.4～4.4MPa。从预聚反应器出来的物料直接进入聚合反应器，聚合反应是在两个串联
的液相环管反应器中进行的，单体分别加入两个反应器发生聚合反应，反应温度为 70～
80℃，压力为 3.3～4.4MPa。均聚物在两反应器内的聚合条件是相同的，仅在第一反应器
内的停留时间较长。聚合物浆液从第二环管反应器排出进入闪蒸罐，丙烯单体与聚合物在此
分离，分离出的丙烯经回收后重新参与反应。聚合物经汽蒸、干燥、挤压造粒、包装等工
序，得到聚丙烯产品。

第二节　煤制烯烃装置火灾危险性

　　本节在了解煤制烯烃工艺流程的基础上，从工艺上分析其整个流程的关键技术点和火灾
风险点，旨在为救援队伍平时预案制作、熟悉演练及灭火救援等工作提供参考，为下一节的
学习奠定基础。

一、MTO 装置火灾、爆炸主要危险因素分析

（一）反应-再生系统火灾、爆炸主要危险因素分析

反应-再生系统是 MTO 装置中的重要组成部分，其中反应系统是核心，再生系统是为反应系统服务的。反应-再生系统是生产中的关键部位，主要设备是反应器、三级旋分器、再生器。甲醇制烯烃催化剂（以下称为催化剂）在再生器中烧焦，再生器内有空气，温度为660～720℃左右，而反应部分反应器中有反应气，反应-再生系统的催化剂保持一种正常的循环状态。如果反应器、再生器（简称两器）的压力平衡被打破或者维持催化剂循环的再生滑阀出现故障，催化剂的正常循环不能保持，严重时将发生催化剂倒流。如果发生再生催化剂倒流的现象，反应器内反应气进入再生器，可引发火灾爆炸事故。当待生汽提器内催化剂料封不足或待生汽提器压力高时，待生汽提器中的反应气将大量进入再生器，再生器中存在有空气，反应气与空气混合少则造成再生器温度大幅增加，严重时将会发生爆炸；若再生器压力高时，再生器内的主风窜入待生汽提器，会发生爆炸事故。

反应器是原料与高温催化剂进行接触反应的场所，反应为放热反应，若控制不好存在超温则会损坏反应器；反应器衬里易冲刷脱落，造成器壁过热或穿孔，导致催化剂与反应气喷出发生火灾事故。待生汽提器结焦后遇温度变化会有可能出现焦块脱落，脱落的焦块掉入待生汽提器汽提段会堵塞待生滑阀流通口。

两器系统内部凡有衬里的设备，均可能发生衬里脱落，使器壁温度升高到接近器内操作温度，即出现"热点"现象。发生这种现象后，可导致热点处钢板的机械强度大大下降，并加速金属的氧化腐蚀。长期高温就可能因金属石墨化出现金属疲劳而破裂，严重时会导致火灾爆炸事故的发生。

由于反应-再生部分催化剂的线速很高，对设备磨损比较严重，如单动滑阀阀板、两器及管道的衬里等，尤其是两器上的仪表一次测量元件，如各温度、压力、差压及藏量的一次测点等。催化剂磨损容易造成内部导压管及测温热电偶被磨断的现象发生，造成假指示，影响判断与正常操作，为事故的发生埋下隐患。

再生器多余热量由外取热器及内取热器取走，平衡烧焦所产生的多余热量。外取热器内高温催化剂的温度高达600～700℃，外取热汽包的操作压力为4.5MPa，操作温度高达259℃左右。若因操作失误或仪表失灵导致液面控制失灵、汽包干锅，则会发生爆炸事故；若液面过高会造成蒸汽带水，发生设备和管线水击事故。

两器在开工时，对衬里进行预热过程中，若操作失误或燃料油带水等原因造成辅助燃烧室内炉火熄灭，重新点火时操作不当或管理不善会引起火灾事故。

（二）主风机组

主风机是反应-再生系统的心脏，负责给再生器提供再生用风，如果风压变化会影响两器平稳运行。本装置的主风低流量自保若失灵，将会导致主风压力突然变低，使再生器催化剂倒流串入主风机，造成机子损坏，以及两器压力失控。主风机组必须连续运转，向再生器底部供风，使催化剂处于流化状态，从而保持反应-再生系统的压力平衡和催化剂的正常循环，从而使甲醇制烯烃反应连续进行。这也是甲醇制烯烃装置正常安全生产的必要前提，该

设备停止运转，甲醇制烯烃装置也就停止生产。一旦发生主风机喘振会使主风流量忽大忽小，使两器差压无法控制，影响正常安全生产，机组本身也会因振动超标而使机械密封、轴瓦受到破坏，烟机的动叶磨损等，严重时有可能发生机毁事故。

（三）急冷水洗、汽提系统

急冷塔和水洗塔内主要物料为乙烯和丙烯的混合气体，若是设备出现泄漏，极易发生火灾爆炸事故。

二、烯烃分离装置火灾、爆炸主要危险因素分析

（一）物料危险性

① 烯烃分离装置多种物料都具有"蒸气比空气密度大，能在较低处扩散到相当远的地方，遇火源会着火回燃"的特性，一旦设备、管道发生泄漏，即使现场没有火源，也可能沿着地面向远处扩散并被远处的火源点燃而发生事故。又由于物料蒸气比空气密度大，如果现场地面处理不当，各种电缆沟、下水道等未按规定采取封堵措施，容易因地面上工件、工具等摩擦发火，或因地沟内可燃蒸气积聚遇到高热或火花而发生火灾爆炸事故。

② 混合烯烃碱洗使用浓度为 10% 的液碱，属碱性腐蚀品，具有很强的腐蚀性，可通过皮肤、呼吸道侵入人体，接触皮肤可致灼伤，吸入其蒸气可灼伤呼吸道。

③ 系统中各种冷媒、低温乙烯、丙烯均有可能造成低温伤害。

（二）工艺危险性

精制单元脱甲烷塔、脱乙烷塔、脱己烷塔内均是精馏操作，精馏过程工艺操作稳定性对系统安全性影响较大，工艺操作控制不当使塔底液面过低或塔满，温度、压力大幅波动，可能发生设备超温、超压、泄漏，导致火灾爆炸；塔顶冷却器断水等原因造成分馏塔顶回流液位过低，泵抽空，塔顶回流量为零，系统物料平衡被打乱，塔内温度升高，气相负荷增大，也可能发生泄漏导致火灾爆炸发生。

烯烃分离系统所需冷量由乙烯/丙烯制冷系统、冷箱提供，一旦压缩机等关键设备发生事故，可能导致整个分离塔区的关联工艺失控，烃类液体快速气化，导致超温超压爆炸连锁事故。

三、烯烃聚合装置火灾、爆炸主要危险因素分析

该装置的火灾危险性主要有三点：一是烯烃聚合装置反应压力较高，尤其是高压聚乙烯装置，压力达 200MPa 以上，装置疲劳期易出现超压爆炸事故；二是高压聚乙烯引发剂三乙基铝化学性质极为活泼，遇水爆炸遇空气自燃，一旦发生泄漏，处置稍有不当将引发更大规模的事故；三是由于烯烃聚合产物为高分子聚合物，属固体，所以与煤气化炉类似，存在大量同位素料位计，易造成核辐射污染。

第三节　灭火救援处置及注意事项

对于 MTO 装置，反应-再生系统是 MTO 装置的核心，由于催化剂为固态，因此容易

结焦发生爆炸。对于烯烃分离装置，冷箱是确保整个烯烃分离装置冷热交换的核心。对于烯烃聚合装置，三乙基铝则是见光自燃、遇水爆炸的危险性物料。半冷冻储罐则是在烯烃聚合装置中常用于乙烯、丙烯等低温物料的过渡罐或产品。以上四点发生事故时，处置技战术要求高，稍有不慎，可能导致"小火"变大灾，因此本节针对此类事故，着重介绍相关的灭火救援处置要点，供救援队伍参考。

一、战术目的

从上一节的分析得知，MTO装置的工艺核心点在于反应-再生系统，而反应-再生系统中最为关键的是对催化剂的处理，风机是保证催化剂运行的"心脏"。对于烯烃分离装置来讲，确保冷箱、压缩机等关键设备运转是保证整个系统安全的核心要素。对于烯烃聚合装置来讲，要及时泄压，防止爆炸。一旦发生事故，上述关键部位、风险点都是工艺与消防处置所要保护的重点。

基于此，工艺上要通过注氮置换、火炬放空、参数调整及启动备用泵、风机等措施，确保上述关键点本质安全条件，有步骤地进行停车。

消防要通过设立水幕、水枪及水炮阵地保护风机、压缩机及冷箱等关键部位。

二、烯烃分离

烯烃分离整套系统中对冷量的控制尤为关键，而各个塔、管线进行交换的核心部位即为冷箱。扑救冷区火灾难度较大，特别是为各个烯烃分离塔提供冷媒的冷箱，一旦发生事故，将导致整个分离塔区的关联工艺失控，烃类液体快速气化，导致超温超压爆炸连锁事故。为整套装置提供制冷动力的则为压缩机，压缩机是保证各类烃类处于液态的重要设备，是该套制冷系统的"心脏"。处置时要遵循以下要素。

① 准确辨识冷箱及所处位置。每个单位冷箱布局均不同，有的在地面，有的在框架上，要在工艺人员的帮助下，对照工艺流程图等对冷箱位置进行辨识。

② 研判冷箱工况。此装置发生火灾时，要第一时间与工艺人员确定冷箱位置、运行工况等。

③ 切忌直接出水对冷箱进行冷却，火灾有蔓延威胁时，要设立阵地进行堵截，保护冷箱不受热辐射威胁。

④ 精馏塔等发生火灾，要铺设水幕水带设置水幕分隔，重点保护压缩机和冷箱，否则一旦失去冷源和冷媒，整个关联设备将发生超温超压连锁爆炸事故。

⑤ 启动备用压缩机，尽量确保压缩机处于运行状态。当受热辐射威胁时，要设立阵地进行堵截，保护压缩机正常运转。

三、三乙基铝处置

煤化工企业在聚丙烯或聚乙烯的生产工段，当使用三乙基铝作引发剂时，都会设有D类干粉固定消防设施，如图5-12所示。

处置该类事故，防止出现爆炸、将事故控制在一定范围即达战术目的。处置时，要及时启动干粉固定灭火设施，若该系统失效，切忌出水，采取手提或推车D类干粉灭火器、车载D类干粉进行控制，切忌用ABC类干粉进行扑救。

图 5-12　D 类干粉固定灭火设施

若无 D 类干粉，要利用沙土、蛭石等进行筑堤围堰，将燃烧控制在一定范围。

四、液化烃低温压力型储罐事故处置

乙烯储罐区如选用半冷冻球罐储罐（低温压力），须配套复叠式压缩制冷系统（冰机），确保乙烯低温压力型储罐工艺储存条件（1.7MPa、−33℃）。冰机系统的主要作用，一是乙烯裂解装置停车检修期间启动，持续提供低温压力型储罐冷媒；二是乙烯储罐区低温压力型储罐出现事故，持续提供低温压力型储罐冷媒，确保储罐工艺参数调整及工艺处置控温，防止储罐温升过快超压。鉴于乙烯低温压力型储罐的风险性，企业通常将乙烯罐区布置在整个罐区的边缘位置。处置该类型火灾要遵循以下要点。

① 工艺制冷。半冷冻储罐低温是确保其本质安全条件的根本，事故状态时，一旦上游或下游装置出现问题，意味着失去制冷条件。此时要及时启动冰机进行循环制冷，保证本质安全条件。需要指出的是，由于企业通常是正向生产，冰机也是在开停工和检修时使用，缺乏"事故状态下紧急启动冰机"这一操作。因此处置时，要与厂方工艺人员进行沟通，有条件时要启动冰机。也有企业将半冷冻储罐做成"过渡罐"，没有冰机，处置时要根据实际情况进行准确研判。

② 关闭物料平衡线。由于球罐平时的制冷通过与乙烯精馏塔的平衡线实现，因此，火灾时要注意关闭中心平衡线，防止物料持续补充造成火势变大。

③ 慎重打水。半冷冻储罐存储低温物料，罐体上的喷淋主要作用是保护保温层，不是冷却。泄漏时不应出直流水对其"冷却"，也不应开启固定喷淋。

④ 保护冰机。火灾时要通过采用水幕水带、设置水枪阵地等方式隔离冰机，保证其正常运转。

⑤ 启动固定消防设施。打开着火罐和邻近罐 1/4 迎火面出水，主要战术意图是防止保温层破坏，变成"裸罐"，加速物料的气化导致超压爆炸。

⑥ 在紧急情况下，采取控制放空、注氮惰化等工艺措施进行泄压。控制放空的主要目

的是防止持续放空使乙烯气化过快，罐内饱和蒸气压加大超出储罐、管线的设计压力和温度，引起火灾爆炸事故。

思　考　题

1. 简述煤制烯烃的工艺路线。
2. 简述冷箱换热原理。
3. 烯烃聚合有哪几种方式？
4. 如何处置三乙基铝泄漏事故？
5. 在处置该类事故中，哪些部位不能射水？战术保护的重点有哪些？

第六章

煤制乙二醇生产事故灭火救援

乙二醇（EG）是一种重要的石油化工基础有机原料，可以衍生出 100 多种化工产品和化学品，主要用于制造聚酯涤纶、聚酯树脂、吸湿剂、合成树脂 PET（瓶片级 PET 用于制作矿泉水瓶）、增塑剂、表面活性剂、合成纤维、化妆品和炸药，并用作染料/油墨等的溶剂、配制发动机的抗冻剂、气体脱水剂，也可用于玻璃纸、纤维、皮革、黏合剂的湿润剂，用途十分广泛。我国的乙二醇生产供给有限，产量不足需求量的 1/3，进口量大，对外依存度高居不下，乙二醇已成为我国有机化学品进口最多的产品之一。2015 年，我国乙二醇需求量 1282 万吨，其中，国内生产 402 万吨，进口 880 万吨，对外依存度约 69%。

目前，化学工业合成乙二醇的主要方法是先经石油路线合成乙烯，再氧化乙烯生产环氧乙烷，最后由环氧乙烷非催化水合成反应得到乙二醇（简称乙烯路线）。由于我国"富煤、少气、贫油"的能源格局，加之乙二醇高度的对外依存度，我国在世界上率先通过间接法煤制乙二醇，并进行工业化生产。目前我国煤制乙二醇主要分布在新疆、内蒙古、山西及贵州等地。

随着我国聚酯工业需求强劲和煤化工不断深入发展，煤制乙二醇工业将迎来更进一步的发展，因此提前做好该类型工艺路线的灭火救援准备工作显得十分必要。可以预见的是，若煤直接制合成乙二醇关键技术得到突破进行工业化生产，将给火灾防控和灭火救援工作带来新的挑战。本章主要以介绍目前工业化生产的草酸酯煤制乙二醇工艺路线为主，分析其火灾危险性，最后阐述相应的灭火救援技术和要素。

第一节　煤制乙二醇工艺路线概述

煤制乙二醇工艺路线可分为直接合成路线、草酸酯路线和甲醇甲醛路线三种。其中直接合成路线具有理论上最佳的经济价值，但目前还处于研究阶段，离工业化有较大的距离；甲醇甲醛路线也还处于研究阶段。目前，我国煤化工乙二醇的主要路线是草酸酯路线，其原则工艺路线如图 6-1 所示。

由图 6-1 可知，与其他现代煤化工产业路线相类似，该条产业线也是以煤气化制备得到 CO 和 H_2 为龙头，DMO（草酸二甲酯）装置为其分水岭，制备乙二醇的关键步骤为：在 DMO 工段 CO 和亚硝酸甲酯合成生成 DMO；在乙二醇工段，DMO 与净化来的 H_2 合成乙二醇。本章主要以介绍 DMO 装置和 EG 装置的工艺技术为主。

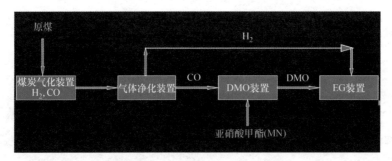

图 6-1　煤制乙二醇原则工艺路线

一、DMO 装置工艺简介

DMO：草酸二甲酯简称。分子结构：

$$\begin{array}{c}H_3C-O-C(=O)-C(=O)-O-CH_3\end{array}$$

MN：亚硝酸甲酯简称。分子式：CH_3O-NO。分子结构：

$$N(=O)-O-CH_3$$

MeOH：甲醇简称。

DMO 装置主要包括 DMO 公用系统、DMO 合成、DMO 精馏、CO 循环气压缩、DMO 中间罐区等。制备 DMO 主要包括两大步骤：一是氧化、酯化（也称羰基化）反应生成 MN；二是 MN 与 CO 的偶联反应生成 DMO。图 6-2 为煤制乙二醇 DMO 装置。

图 6-2　煤制乙二醇 DMO 装置

DMO 工艺流程如图 6-3 所示。主要由氧化酯化反应单元、偶联反应单元及 DMO 精制三个单元构成。

（一）氧化、酯化反应单元

反应式：$3CH_3OH + 2NO + HNO_3 \longrightarrow 3CH_3O-NO + 2H_2O$

在甲醇合成装置中制备得到的甲醇、硝酸与 NO 在催化剂的条件下反应生成亚硝酸甲酯

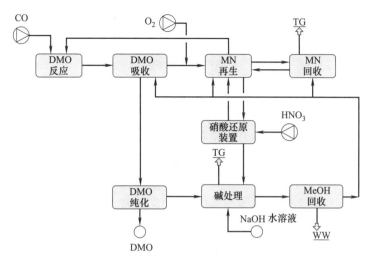

图 6-3 DMO 工艺流程

送往 DMO 合成装置。NO 作为中间产物循环使用。

（二）偶联反应单元

反应式：$2CO+2CH_3O—NO \longrightarrow (COOCH_3)_2 + 2NO$，其主要工艺按以下步骤进行。

① DMO 合成体系中，新鲜 CO 和经压缩机加压的含 MN 的循环气混合，预热后进入到装有 Pd/Al_2O_3 球形催化剂的反应器中。DMO 合成反应器如图 6-4 所示。

图 6-4 DMO 合成反应器

② 反应产物送入 DMO 洗涤系统，对 DMO、DMC（碳酸二甲酯）及其他有机物采用甲醇进行冷却、洗涤，进入 DMO 闪蒸槽继续精馏，塔内蒸汽经过冷凝后，一部分回流，另一部分在氧气混合器中与氧气混合后被送入 MN 再生塔。

③ 甲醇溶液送入 DMO 净化系统，气体循环进入 MN 再生系统和 HNO_3 还原系统。

④ 反应气体与 O_2 混合从 MN 再生塔底部进入，甲醇从再生塔的顶部进入，大部分合成气进入到 DMO 循环气压缩机进行压缩，少量气体送至尾气处理系统处理后排空。MN 再生

塔主要产物是 MN 和 H_2O，副产物为 NO、O_2、甲醇、HNO_3 的二级产物。MN 塔底部是反应区，中部是 H_2O 吸收区，用甲醇吸收，顶部的气体进入循环。

⑤ 再生塔底部含硝酸的溶液进入到硝酸还原系统处理。

（三）DMO 精制单元

DMO 脱轻塔主要作用是分离 DMO 中的甲醇和轻组分。DMC 必须从塔底回收，如果从塔顶回收会增加废水中的盐度；由于共沸原因，DMO 采用萃取精馏与甲醇分离。DMC 分离塔主要作用是分离 DMO 中的 DMC，DMO 进一步净化。DMO 蒸发塔和冷凝塔的主要作用是通过蒸发净化出金属成分，进一步提高 DMO 的纯度。碱处理罐的主要作用是中和硝化还原反应中的 HNO_3，将少量的 DMO、MF、DMC 分解为水。甲醇回收主要作用是回收碱处理后废水中的甲醇。

二、乙二醇合成装置工艺简介

乙二醇装置主要包括乙二醇合成单元、H_2 循环压缩单元、乙二醇精馏单元、H_2 回收单元等以及罐区（包括产品罐区、醇油罐区等）。该装置的目的是 DMO 加氢得到乙二醇，通过精馏得到纯度较高的产品级乙二醇。

（一）乙二醇合成单元

该单元的核心装置是反应器内的加氢反应单元，DMO 进入反应器前要通过氢气进行气化提温，反应后的粗合成气要经过换热送往精馏单元。其主要工艺流程如下。

1. DMO 换热过程

从炉气净化分离装置送来的原料氢气与氢气循环压缩机出口的循环气混合后进入进出物料换热器的壳程，与出合成塔的气体换热升温至 180℃ 左右后进入主蒸汽加热器加热到 195℃ 以上后，进入到 DMO 蒸发塔底部。由罐区送来的 DMO 液体进入缓冲罐，通过 DMO 进料泵加压进入 DMO 蒸发塔上部，在 DMO 蒸发塔内被循环氢气气化。循环气温度下降后进入副蒸汽加热器加热到 220℃ 左右后，进入乙二醇合成塔，其中所有 DMO 管线都采用蒸汽伴热。

2. 乙二醇合成过程

乙二醇合成塔是一个"管壳式反应器"，壳程用热水移热，加氢催化剂装填在列管内。合成塔壳程里充满热水，把加氢反应产生的热量快速移走。乙二醇合成塔内在高活性铜系催化剂的作用下，在 180～200℃ 温度条件控制下 DMO 加氢反应生成 EG。

3. 加氢后工艺处理

加氢后的气体，经过进出物料换热器和循环气换热，进入高压分离器 I 进行粗乙二醇分离后，进入水冷器冷却至 60℃ 后进入高压分离器 II 内进行粗甲醇分离，循环气进入循环气压缩机加压循环，高压分离器 II 出口少量的气体作为弛放气送燃料气管网到电厂燃烧，达到维持循环系统中惰性气体含量稳定的目的。高压分离器 I、II 的液体经过减压阀进入低压闪蒸槽 I、II，粗甲醇和粗乙二醇通过自身的压力送入乙二醇精馏工段或中间罐区，闪蒸汽送入燃料气管网或火炬。

（二）乙二醇精馏单元

本工段采用乙二醇回收塔精馏工艺流程，甲醇回收塔的主要目的是回收加氢粗醇产品中的甲醇，并回收产品中的前馏分（包括二甲醚、甲酸甲酯等）；脱水塔的主要目的是除去产品中的水分和部分低沸点醇类（甲醇、乙醇）；脱醇塔的主要目的是脱出二醇类及酯类（如2,3-丁二醇、1,2-丙二醇、1,2-丁二醇，乙醇酸甲酯）；产品塔的主要目的是获得优质乙二醇产品；回收塔的主要目的是提出重馏分，回收乙二醇产品塔底出料的乙二醇；真空泵尾气洗涤塔的主要目的是用新鲜水洗涤真空泵尾气中的甲醇，使其达到排放标准；脱甲醇塔的主要目的是脱除产品中的甲醇。

第二节　煤制乙二醇装置火灾危险性

本节主要从煤制乙二醇工艺路线涉及特殊物料的危险性及其特殊工艺的危险性进行介绍。煤制乙二醇前半段与其他现代煤化工工艺路线相似，其主要火灾危险性也相类似。工艺核心点是DMO装置，本节将主要对其进行分析。此外，硝酸是煤制乙二醇工艺路线中涉及的较难处置、风险较大的物料，本节也将着重介绍其火灾危险性。

一、物料危险性

煤制乙二醇工艺路线除涉及其他煤化工路线所常见的危险性物料外，主要有乙二醇、硝酸、NO、草酸二甲酯、亚硝酸甲酯等具有火灾危险性的特殊物料。

（一）乙二醇

又名"甘醇""1,2-亚乙基二醇"，简称EG，是最简单的二元醇，化学式$HOCH_2$—CH_2OH。乙二醇是无色无臭、有甜味的液体。乙二醇能与水、丙酮互溶，但在醚类中溶解度较小。相对密度为1.1155（20℃），沸点为197.3℃，闪点为111.1℃。对动物有毒性，人类致死剂量约为1.6 g/kg（服食30mL可引致死亡）。易燃，属于醇类，扑救时要选用抗醇类泡沫。

（二）硝酸

纯硝酸为无色透明液体，浓硝酸为淡黄色液体（溶有二氧化氮），正常情况下为无色透明液体，有窒息性刺激气味。浓硝酸含量为68%左右，易挥发，在空气中产生白雾（与浓盐酸相同），是硝酸蒸气（一般来说是浓硝酸分解出来的二氧化氮）与水蒸气结合而形成的硝酸小液滴。浓硝酸露光能产生二氧化氮，二氧化氮重新溶解在硝酸中，从而变成棕色。浓硝酸有强酸性。浓硝酸能使羊毛织物和动物组织变成嫩黄色。浓硝酸能与乙醇、松节油和其他有机物猛烈反应。浓硝酸能与水混溶，与水形成共沸混合物。浓硝酸相对密度为1.41，熔点为−42℃（无水），沸点为120.5℃（68%）。对于稀硝酸，一般认为浓稀之间的界线是6mol/L，市售普通试剂级硝酸浓度约为68%，而工业级浓硝酸浓度则为98%，通常发烟硝酸浓度约为98%。

浓硝酸不稳定，遇光或热会分解而放出二氧化氮，分解产生的二氧化氮溶于硝酸，从而使外观带有浅黄色。但稀硝酸相对稳定。

$$反应方程式：4HNO_3 \xrightarrow{光照} 4NO_2\uparrow + O_2\uparrow + 2H_2O$$

$$4HNO_3 \xrightarrow{\triangle} 4NO_2\uparrow + O_2\uparrow + 2H_2O$$

与硝酸蒸气接触有很大危险性。硝酸溶液及硝酸蒸气对皮肤和黏膜有强刺激和腐蚀作用。浓硝酸烟雾可释放出五氧化二氮（硝酐），遇水蒸气形成酸雾，可迅速分解而形成二氧化氮，浓硝酸加热时产生硝酸蒸气，也可分解产生二氧化氮，吸入后可引起急性氮氧化物中毒。危险性类别：酸性腐蚀品、氧化剂、强腐蚀（含量高于 70%）/氧化剂（含量不超过 70%）。

侵入途径：吸入、食入。

健康危害：吸入硝酸气雾产生呼吸道刺激作用，可引起急性肺水肿。口服引起腹部剧痛，严重者可引起胃穿孔、腹膜炎、喉痉挛、肾损害、休克以及窒息。眼和皮肤接触引起灼伤。长期接触可引起牙齿酸蚀症。

环境危害：对环境有害。

燃爆危险：助燃。与可燃物混合会发生爆炸。

（三）一氧化氮

一氧化氮在水中的溶解度较小，而且不与水发生反应。常温下一氧化氮很容易氧化为二氧化氮。一氧化氮为氮氧化合物，化学式 NO，相对分子质量 30.01，氮的化合价为 +2。一氧化氮是一种无色无味难溶于水的有毒气体。由于一氧化氮带有自由基，这使它的化学性质非常活泼。当它与氧气反应后，可形成具有腐蚀性的气体——二氧化氮（NO₂），二氧化氮可与水反应生成硝酸。

危险特性：具有强氧化性。与易燃物、有机物接触易着火燃烧。遇到氢气爆炸性化合。接触空气会散发出棕色有酸性氧化性的棕黄色雾。一氧化氮较不活泼，但在空气中易被氧化成二氧化氮，而后者有强烈腐蚀性和毒性。

该品不稳定，在空气中很快转变为二氧化氮产生刺激作用。氮氧化物主要损害呼吸道。吸入初期仅有轻微的眼及呼吸道刺激症状，如咽部不适、干咳等。常经数小时至十几小时或更长时间潜伏期后发生迟发性肺水肿、成人呼吸窘迫综合征，出现胸闷、呼吸窘迫、咳嗽、咯泡沫痰、紫绀等。可并发气胸及纵隔气肿。肺水肿消退后两周左右可出现迟发性阻塞性细支气管炎。一氧化氮浓度高可致高铁血红蛋白血症。慢性影响：主要表现为神经衰弱综合征及慢性呼吸道炎症。个别病例出现肺纤维化。可引起牙齿酸蚀症。

环境危害：对环境有危害，对水体、土壤和大气可造成污染。

燃爆危险：该品助燃，有毒，具有刺激性。

（四）草酸二甲酯

无色单斜形结晶。熔点为 54℃，沸点为 163.5℃，相对密度为 1.1479（54℃），折光率为 1.379（82.1℃），闪点为 75℃。溶于醇和醚，溶于约 17 份水中，在热水中分解。刺激眼睛和皮肤。

（五）亚硝酸甲酯

英文名称：methyl nitrite，分子式 CH_3O-NO，常温常压下是一种无色、无味气体。

熔点为−17℃，沸点为−12℃。易水解释放出亚硝酸。其蒸气能与空气形成爆炸性混合物。受阳光照射或受热均易分解，有发生爆炸的危险。

二、硝酸泄漏事故特点

上述几种物料，硝酸的强腐蚀性会对人体造成伤害，腐蚀器材装备，遇水会剧烈放热甚者飞溅，泄漏到地面后会形成窒息性的酸雾，流淌的酸性废液对环境造成污染，处置风险较高，难度较大。

（一）易造成人员伤亡

硝酸是一种腐蚀性极强的危险化学品，如果将浓硝酸溅到衣服上，它会立即使衣服的纤维素炭化，使衣服上出现小洞。如把硝酸溅到皮肤上，能迅速灼伤人体皮肤。硝酸可经过人体的呼吸道、消化道及皮肤被迅速吸收，对人的皮肤、黏膜有刺激和腐蚀作用。硝酸进入人体后，主要使组织脱水，蛋白质凝固，可造成局部坏死，严重时则会夺去人的生命。人吸入酸雾后可引起明显的上呼吸道刺激症状及支气管炎，重者可迅速发生化学性肺炎或肺水肿。如吸入高浓度酸雾时则可引起喉痉挛和水肿而致人窒息，并伴有结膜炎和咽炎。

（二）具有强酸性，易造成人员灼伤及器材、设施腐蚀损坏

浓硝酸既是一种强腐蚀剂，同时也是一种强氧化剂，能与金属和金属氧化物发生化学反应。当硝酸容器或储罐发生泄漏，大量的硝酸流经之处，都会对硝酸接触到的机器、设备、设施等造成严重腐蚀和氧化，有的会造成致命的损坏并无法修复。浓硝酸除了具有酸的性质之外，同时还具有很强的吸水性、脱水性和氧化性。浓硝酸与人体接触，能迅速灼伤皮肤；与衣物接触会立即使衣服的纤维素炭化、腐蚀破损。

（三）遇水剧烈放热，易造成飞溅伤害

浓硝酸具有强烈的吸水性和较高的溶解热（92.1kJ/mol），当水与浓硝酸接触时，会剧烈放热；同时，因为水比硝酸轻，因此浮于硝酸上面的水易被加热沸腾汽化，发生剧烈的酸液飞溅，严重时可达数十米远；浓盐酸、浓硝酸遇水也要放热，形成酸液飞洒或酸雾扩散，但相对硝酸而言，其剧烈程度较弱，飞溅距离较近。酸液飞溅会对周围的人员和设备造成巨大威胁和伤害，救援过程中应十分小心。

（四）产生挥发性酸雾，易造成人员呼吸道刺激伤害

浓硝酸本身并不挥发，但可与接触的路面、砂石剧烈反应产生大量的二氧化碳气体，形成窒息性的酸雾。若是发烟硫酸，则能挥发出 SO_3（三氧化硫）气体并形成浓密的酸雾；浓盐酸挥发性很强，一旦泄漏，盐酸大量挥发，在空气中形成白色酸雾；浓硝酸的挥发性更强，在光照条件下会分解产生大量 NO_2（二氧化氮），在空气中形成棕色酸雾。"三酸"泄漏生成的酸雾都具有较强的刺激性和腐蚀性，如果人体皮肤接触，会被灼伤；如果衣物接触会被腐蚀烧烂；如果少量吸入，可引起明显的呼吸道刺激、咳嗽、流泪等症状；若吸入高浓度酸雾，可引起化学性肺炎，重者可引起咽喉痉挛和肺水肿，甚至窒息死亡。

（五）酸性废液会造成环境污染

硝酸的酸性和强腐蚀性能对环境造成严重污染。浓硝酸泄漏后与相遇的物质反应会产生

大量的有毒有害气体，会对空气造成严重污染；大量硝酸泄漏之后，浓烈和具有强刺激性的酸雾会对空气造成严重污染，如果人或动物呼吸后，则会引起明显的上呼吸道刺激症状及支气管炎，重者可迅速发生化学性肺炎或肺水肿，高浓度时可引起喉痉挛和水肿导致窒息，并伴有结膜炎和咽炎。如果酸液流淌到公路上、水渠里，会对路面和水渠造成腐蚀性损坏；大量泄漏的硝酸流散到农田，则对农田造成污染，严重影响耕种，甚至造成农田不能使用。如果流散到河流、湖泊、水库等水域，则造成水污染，严重时该水域的水未经处理不能使用，必须采取有效措施进行处理。

三、工艺危险性

DMO 羰化合成装置是煤制乙二醇工艺路线的核心工艺点，其火灾危险性主要如下。

① DMO 装置属于甲类生产装置，生产中使用的原料、产品及中间过程产物（甲醇、NO、CO、MN）大多数都属于易燃、易爆物质，CO 和甲醇分别属于重度危害毒性介质，NO 大量泄漏易造成人员窒息，MN 属于自分解物质，一旦环境温度超过 80℃，会出现自分解、自爆炸。

② NO、CO、MN 的三相介质反应时的配比很关键，尤其是 NO 不能超过 3％、MN 不能超过 14％，MN 和甲醇合成比例不能超过 24％。

③ 从装置设备角度分析，甲醇合成装置内设置的蒸汽过热炉、反应系统、合成气压缩机等高压装置的操作温度、压力较高，危险性较大，一旦发生装置泄漏易造成人员中毒和立体火灾，引发爆炸。

第三节　灭火救援处置及注意事项

针对煤制乙二醇工艺路线特殊工艺路线和物料，在上一节分析其火灾危险性的基础上，本节主要介绍 DMO 羰化合成装置的处置措施，着重介绍特殊物料——硝酸发生泄漏时的灾情处置，供救援队伍参考。

一、DMO 羰化合成装置处置措施

乙二醇装置发生事故时，工艺要着重关注 NO、CO、MN 三种介质的配比，通过倒转输料、紧急注氮等操作，及时控制反应进行紧急停车，为移动处置力量创造条件。流淌火、罐火应使用抗醇性泡沫扑救。

移动力量在进行处置时，要着重注意保护 DMO 合成装置，禁止对泄漏物料直流射水，提前制订紧急撤退路线，做好个人安全防护，严防各类有毒有害物质对处置人员造成伤害。

二、硝酸泄漏事故处置措施

硝酸虽然具有强烈的腐蚀性和氧化性，但其本身和蒸气不易燃烧。浓硝酸主要存在于 DMO 合成装置，一旦发生泄漏要谨慎进行处置。发生其他火灾事故威胁存有浓硝酸的储罐、管线时，要谨慎射水，防止泄漏。

（一）准确辨识

发生事故时，要与厂方工艺人员第一时间确认存在浓硝酸的工段位置及管线等。避免一到现场"无差别"进行冷却，导致灾情扩大。需要指出的是，厂方从工艺角度把95％以上的硝酸才称为浓硝酸，但经反应后的硝酸浓度仍然高于70％，仍属于浓硝酸的范畴，遇水会发烟、发热。

（二）围堰导流，控制液体流散

一般装置设有的围堰较矮，一旦硝酸泄漏进入管道等，将造成管道腐蚀，加大现场处置难度。因此要及时利用沙石、泥土、水泥粉等材料对DMO装置进行筑堤，最大限度地控制泄漏硝酸扩散范围，减少灾害损失。

（三）稀释冲洗

硝酸与水有强烈的结合作用，可以按任何不同比例混合，混合时能放出大量的热。因此在稀释硝酸时要避免直接将水喷入硝酸，避免硝酸遇水放出大量热灼伤现场救援人员皮肤。对泄漏硝酸进行稀释时，要选用喷雾水流，不能对泄漏硝酸或泄漏点直接喷水。如泄漏硝酸数量较少时，可用开花水流稀释冲洗，当水量较多时，硝酸的浓度则显著下降，腐蚀性相应降低。在稀释或冲洗泄漏硝酸时，要控制稀释或冲洗水液流散对环境的污染，一般应围堵或挖坑收集，再集中处理，切不可任意四处流散。

（四）中和吸附

采用碱性物质，如生石灰、烧碱、纯碱等覆盖进行中和，降低硝酸的腐蚀性，减少对环境的污染。进行碱性物质覆盖中和时，操作人员要做好个人安全防护，特别要保护好四肢、面部、五官等暴露皮肤，避免飞溅的硝酸造成伤害。中和结束后，要对覆盖物及时进行清理。对于泄漏的少量硝酸，可用沙土、水泥粉、煤灰等物覆盖吸附，搅拌后集中运往相关单位进行处理。

（五）现场急救

① 吸入硝酸蒸气者要立即脱离现场，移至空气新鲜处，并保持安静及保暖。吸入量较多者应卧床休息、吸氧，给舒喘灵气雾剂或地塞米松等雾化吸入。

② 眼或皮肤接触硝酸液体时，应立即先用柔软清洁的布吸去再迅速用清水彻底冲洗。

③ 口服硝酸者已出现消化道腐蚀症状时，迅速送医院救治，切忌催吐。

④ 急性中毒者要迅速送医院救治。

三、注意事项

（一）安全防护

在处置煤制乙二醇装置生产事故时，除注意常规的防爆、防热辐射外，还要特别注意防毒、防腐蚀。遇浓硝酸泄漏事故时，事故核心区操作人员要佩戴隔绝式呼吸器，着防化服，戴防酸手套，不得有皮肤暴露，尤其是面部和四肢，避免飞溅的硝酸造成伤害。如不甚接触硝酸，要及时用水冲洗，或用碱性溶液进行有效处理，必要时迅速进行现场急救或送医院救治。现场执行其他任务的抢险救援人员，也要做好安全防护，特别是处于下风向的人员，要采取必要措施，防止硝酸蒸气对呼吸道的侵害。

（二）阵地设置

根据现场灾情，应尽量在上风、地势较高处设置水枪阵地。对有浓硝酸的部位进行保护时，不应直流射水，应采取水幕水带进行分隔，或喷雾水进行稀释。

（三）集中处理稀释水流

要注意对泄漏事故处置过程中所产生的硝酸稀释水流进行处理，采取筑堤、挖坑、人工回收等措施尽量集中或回收，然后进行物理或化学中和处理，避免造成次生污染，扩大事故灾情和损失。

（四）由环保专家指导防污

救援人员在实施抢险的同时，要及时通知环保部门的有关专家到场，具体指导防止环境污染事项以及要采取的措施。事故处置中一般由环保专家提出意见，现场指挥部决定实施，并指派相关部门具体落实，救援人员给予配合。严防泄漏硝酸对现场及周围环境的污染。

思　考　题

1. 简述煤制乙二醇的工艺路线。
2. 整条工艺路线中有哪些危险物料？
3. 硝酸泄漏的处置措施有哪些？
4. 扑救醇类火灾时，泡沫灭火剂的选用和施放有哪些注意事项？

第七章

煤制芳烃生产事故灭火救援

PX（对二甲苯）是衡量一个国家化学工业发展水平的重要指标之一，PX 是聚酯工业的主要原料，通过 PX 生产精对苯二甲酸（PTA），PTA 与乙二醇合成聚酯类化合物。近年来，我国聚酯工业快速发展，PTA 产能随之大幅扩张，基础原料 PX 供需缺口不断加大。

目前制取 PX 主要采用石油化工路线，通过芳烃联合装置进行生产。PX 装置附属于芳烃联合装置，芳烃联合装置是化纤工业的核心原料装置之一，它以直馏、加氢裂化石脑油或乙烯裂解汽油为原料，生产苯、对二甲苯和邻二甲苯等芳烃产品。芳烃联合装置通常包括催化重整、芳烃抽提、二甲苯分离、歧化及烷基转移、吸附分离和二甲苯异构化等装置。

煤制芳烃技术，主要指以煤为原料，通过合成气制取芳烃的生产工艺路线。目前为了得到对二甲苯，煤制芳烃的技术包括两条工艺路线：一是煤经气化、变换、净化工序制取合成气，之后由合成气直接制取芳烃；二是由合成气制取甲醇，再由甲醇制取芳烃。相比于其他现代煤化工技术，煤制芳烃技术在我国起步较晚，目前多数处于实验室阶段或中试阶段，只有个别工艺进入工业示范阶段，规模产能相对较小。煤制芳烃技术路线，扩大了 PX 的来源，是缓解国内芳烃供应不足的有效路径，"十三五"期间，我国从战略层面提出要优化完善甲醇制芳烃技术，开展百万吨级工业化示范，掌握煤制芳烃工业化关键技术。

因此，本章主要介绍即将进行工业化示范的甲醇转化为芳烃工艺流程，分析其火灾危险性，阐述相应的灭火救援技术和要素，提前站位，为该类型装置生产事故的灭火救援准备工作提供参考。

第一节　煤制芳烃工艺路线概述

炼油工业中的芳烃类产品是指苯、甲苯、混合二甲苯、邻二甲苯、对二甲苯和重芳烃等多种产品的统称，由芳烃联合装置生产得到。

传统煤化工中，煤的干馏过程是生产制备芳烃类产品的另一条重要途径。煤的干馏过程是指，把煤在隔绝空气的条件下进行加热，煤中物质在不同温度下发生一系列复杂的物理和化学变化，最终得到煤气、煤焦油和焦炭（或半焦）的过程。芳烃类产品富集在煤焦油中，经过精馏分离，即可得到苯、二甲苯、萘和其他芳香族化合物。此种方法制备的芳烃一般都是混合物，产能相对较低，不能得到纯度较高的 PX 产品。

现代煤化工煤制芳烃主要有合成气直接制芳烃和合成气经甲醇制芳烃技术（MTA）两

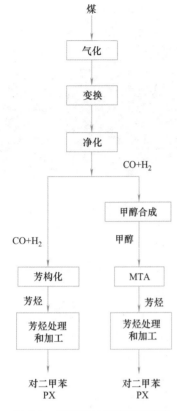

图 7-1　煤制对二甲苯两种路线

种。由于合成气直接制芳烃还处于实验研究阶段，本节不再详述。其原则工艺如图 7-1 所示。

合成气经甲醇制芳烃技术（MTA）是指先以合成气为原料合成甲醇，甲醇作为中间体被分离提纯后，在催化剂的作用下，经芳构化反应（由脱水、脱氢、聚合及环化等一系列反应组成）得到芳烃的过程。MTA 工艺包括两个顺序相连的反应过程：①合成气生产制备甲醇；②甲醇经芳构化反应生产芳烃，所得芳烃产品为混合物，再经过后续处理，可制取 PX。

完全以煤为起始原料，经甲醇制芳烃及 PX 的工艺路线，被认为是从根本上有别于石油路线的新的工艺路线，也被认为是今后煤制 PX 的主流工艺。此外，以甲苯和甲醇为原料，经甲苯甲醇甲基化反应，也可以制备 PX，但由于该路线中甲苯原料可能来自石油路线，因此通常所说的煤制芳烃工艺并不包括此路线。另外，甲醇制烯烃和甲醇制汽油的副产物中，都含有部分芳烃，经分离提纯也可以得到少量 PX。但可以看出，这两种工艺中，PX 是副产物，难以大量生产，因此在本章中不做介绍。

本章主要探讨甲醇制芳烃的间接工艺路线。甲醇制芳烃步骤：甲醇脱水生成二甲醚，甲醇或二甲醚脱水生成烯烃，烯烃最终经过聚合、烷基化、裂解、异构化、环化、氢转移等过程转化为芳烃和烷烃。其原则工艺流程如图 7-2 所示。

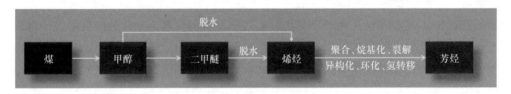

图 7-2　煤间接制芳烃原则工艺流程

目前 MTA 技术主要有清华大学的 FMTA 技术、中科院山西煤化所 MTA 技术及其他技术。

一、清华大学 FMTA 技术

清华大学化工系反应工程实验室自 2003 年开始对甲醇芳构化过程进行探索，针对芳构化过程强放热且催化剂结焦失活较快的特征，凭借多年在流化床领域内所取得的成果，以及在流化床法甲醇制丙烯（FMTP）项目开发中所积累的经验，开发了流化床法甲醇制芳烃（FMTA）技术。该技术主要是开发了多区流化床芳构化反应器，研发了专用催化剂。

FMTA 技术的工艺流程如下。

① 甲醇经预热气化，与反应气换热后，进入甲醇芳构化反应器。与再生器来的高温再生催化剂逆向接触发生芳构化反应，生产芳烃及氢气、水、$C_1 \sim C_6$ 等副产物；反应产物经

旋风分离器分离出催化剂，再用金属丝网过滤器过滤掉携带的催化剂颗粒，经压缩机加压后，进入工艺分离器。

② 反应产物在工艺分离器内进行三相分离，其中气相经碱洗脱除二氧化碳，经干燥脱水后进入分离工段，分离出部分 C_2、C_3 返回至轻烃芳构化反应器，进行烷烃的芳构化反应；水相作为废水送至污水处理工段；油相为主产品，送至精馏塔，塔顶分离出苯和甲苯，塔底分离出二甲苯，塔顶产品可返回至甲醇芳构化反应器，与甲醇进行烷基化反应，进一步生成二甲苯。

二、中科院山西煤化所 MTA 技术

中科院山西煤化所 2006 年前后完成催化剂实验室筛选、评价和反复再生实验，2007 年与赛鼎工程合作开始工业化设计。山西煤化所 MTA 技术采用固定床反应器，MoHZSM-5 分子筛催化剂。反应条件为：温度 380～420℃、常压。

三、其他 MTA 技术

目前，国内 MTA 技术以清华大学 FMTA 技术和山西煤化所 MTA 技术为代表，此外还有北京化工大学与河南能源化工集团合作开发的北化大 MTA 技术、上海石油化工研究院自主开发的 MTA 技术以及国外沙特基础工业公司开发的固定床 MTA 技术。

第二节　煤制芳烃装置火灾危险性

间接煤制芳烃（MTA）工艺与煤制烯烃和石油化工的催化裂化工艺相类似，也涉及催化剂的反应再生，其火灾危险性也相类似，即反应过程含固液气三种形态的物料，可能导致催化剂结焦爆炸。从物料上讲，煤制芳烃工艺路线除涉及煤化工常见的甲醇、CO、H_2 等危险物料外，还存在大量苯系物，中毒的风险较大，对现场处置人员易造成职业卫生病。因此本节主要围绕苯系物这一危险物料，介绍其危险性。

一、装置危险性

甲醇芳构化单元是煤制芳烃工艺路线的核心关键点，以该单元为基点，前半部分属于煤气化合成甲醇，后半部分进行异构化进一步精制分离得到 PX，与石油化工采用的工艺类似。在芳构化反应器内，甲醇在高温高压、催化剂作用下芳构化生成芳烃及氢气、水、C_1～C_6 等副产物。与石油化工相比，其反应温度更高，压力更大，对于装置的操作要求更高，稍有不慎，易引发火灾爆炸事故。

工业化大规模生产，单套装置的体量较大，一旦发生泄漏，含有醇类、C_1～C_6 及苯系物等多种物料，且温度较高，灭火救援处置难度较大。

二、苯系物危险性

苯系物是低闪点有毒易燃液体，易发生燃烧爆炸和中毒事故，泄漏后四处流散，尤其向低洼处流淌，流经之处会对土地及周围环境造成较大范围内的污染，且不易洗消。

（一）易发生爆炸燃烧事故

常温下，苯是一种无色、有芳香气味的透明油状液体，易燃烧，易挥发，泄漏后其蒸气与空气形成混合性爆炸气体，遇火源发生爆炸或燃烧，并可能造成大面积流淌火灾，导致人员伤亡和财产损失。其他苯系物也有与苯类似的燃爆危险性。

（二）易造成人员中毒伤亡

苯蒸气损害人的神经系统，易造成现场无有效防护人员中毒。大量苯系物在短时间内经皮肤、黏膜、呼吸道、消化道等途径进入人体后，使机体受损并引起功能性障碍，发生苯系物的急性中毒。轻度急性中毒能使人产生睡意、头昏、心率加快、头痛、颤抖、意识混乱、神志不清等现象；重度急性中毒会导致呕吐、胃痛、头昏、失眠、抽搐、心率加快等症状，甚至死亡。苯会损害骨髓，使红细胞、白细胞、血小板数量减少，使染色体畸变，出现再生障碍性贫血，甚至引起白血病（血癌）。

不同浓度的苯蒸气对人体的健康危害如表 7-1 所示。

表 7-1　苯蒸气对人体的健康危害

空气中苯蒸气的浓度		接触时间	反应
ppm	mg/m³	/min	
19000～20000	61000～64000	5～10	死亡
7500	24000	30	生命危险
1500	4800	60	严重中毒症状
500	1600	60	一般中毒症状
50～150	160～480	300	头痛、乏力、疲劳

（三）污染环境

苯具有流淌性，泄漏后能造成较大范围内的地面或物品污染，且不易洗消。当苯系物发生泄漏或者燃烧爆炸性事故，泄漏出来的苯系物或燃烧爆炸后的混合物质会对大气、水、土壤环境造成破坏，引发环境污染事故。

第三节　灭火救援处置及注意事项

从工艺上讲，煤制芳烃与石油化工催化裂化、煤制烯烃有类似的地方，因此其灭火救援处置及注意事项也可参考上述进行。苯系物较多，是煤制芳烃生产工艺路线有别于其他煤化工路线的重要特点，因此本节也将着重介绍对该种物料的处置，供救援人员参考。

一、工艺处置措施

根据现场灾情，工艺上要进行紧急停车、放空泄压、物料平衡等措施。对于甲醇芳构化单元，事故状态下要保证对催化剂的正确处理，确保不会结焦发生泄漏爆炸，即在物料还未导出之前，要确保风机运转。

二、消防处置措施

（一）阵地设置

要选择上风向、地势高处设置阵地，同时应结合整条工艺链流程，准确辨识、煤气化炉、催化剂、风机等关键部位，设置水炮、水幕、水带阵地，防止热辐射危害。

（二）合理选择灭火剂

苯系物碳原子多，装置内物料温度较高，燃烧热值较高。因此在处置时宜选用抗烧性相对较强的氟蛋白泡沫，甲醇装置应选用抗醇泡沫液，或加大泡沫供给、增加阵地设置。

（三）洗消防护

洗消是清除毒源的重要措施，消防、医疗救护、职业病防治所等单位应迅速对疏散到安全区的染毒人员实施洗消，同时要全面洗消染毒区域，防止留下隐患。对染毒人员进行洗消切忌使用热水，热水会加快毒性的扩散，所以应该用大量的冷水进行洗消。

洗消的对象主要包括：①轻度中毒人员；②重度中毒人员送往医院之前；③现场消防等参与处置人员；④灭火救援装备；⑤染毒区域的物品及地面等。

三、注意事项

（一）防毒防爆

现场处置时，要加强个人安全防护，防止苯系物中毒及爆炸。

（二）注重洗消

与酸或碱相比，苯系物腐蚀性相对较小，容易造成"麻痹"的心理。但从危害性讲，苯系物对处置人员造成的二次伤害较大，易引发癌变。因此处置完毕后，要对处置人员及器材装备车辆进行全面洗消。

（三）加强处置后对现场处置人员的事后健康检查

作战结束后，应当及时组织对参战人员进行体检，发现苯系物中毒症状的伤员，要及时医治疗养，以防癌变。

（四）注重环保

应急救援过程中产生的废液必须进行回收，以免造成水环境污染。救援队伍要协同环保等部门做好废液的回收处理工作：将围堤堵截的废液导入事故储存池；及时关闭雨水阀，防止物料沿沟渠外流；如果发生大量泄漏，可选择用隔膜泵将泄漏的苯系物抽入容器内或槽车内，再运到废物处理场所进行处置；如果发生少量泄漏，可用砂子和吸附材料等吸收苯系物，再进行焚烧或者卫生填埋。

思 考 题

1. 简述煤制芳烃的工艺路线。
2. 苯系物的危险性有哪些？
3. 处置苯系物类事故有哪些注意事项？

第八章

煤制合成氨生产事故灭火救援

氨是重要的无机化工产品之一，在国民经济中占有重要地位，其中约有 80% 氨用来生产化学肥料，20% 为其他化工产品的原料，我国是世界第一的合成氨生产国，合成氨工业是基本无机化工之一。氨主要用于制造氮肥和复合肥料，例如尿素、硝酸铵、磷酸铵、氯化铵以及各种含氮复合肥。此外，硝酸、各种含氮的无机盐及有机中间体、磺胺药、聚氨酯、聚酰胺纤维和丁腈橡胶等都需直接以氨为原料。

煤制合成氨是指以煤为原料，通过一系列物理化学变化最后得到液氨的过程。传统煤化工通过把煤焦化得到合成气转化为合成氨，转化率低，能耗较高。现代煤化工是通过将煤气化后，在催化剂作用下调节氢氮比得到合成氨。

本章主要介绍现代煤化工煤制合成氨工艺路线，分析其火灾危险性，最后阐述相应的灭火救援技术和要素。

第一节　煤制合成氨工艺路线概述

煤制合成氨的基本工艺路线为：以煤为原料、以碎煤加压气化技术为主，生成粗煤气，再经洗涤除尘后送至变换工序，再经低温甲醇洗脱硫脱碳、液氮洗精制，并配氮使合成气中的氢氮比达到 3：1，精制气送入氨合成系统生产合成氨。低温甲醇洗排出的 CO_2，经压缩与液氨合成为尿素，然后进行造粒、包装及外售。其原则工艺流程如图 8-1 所示。

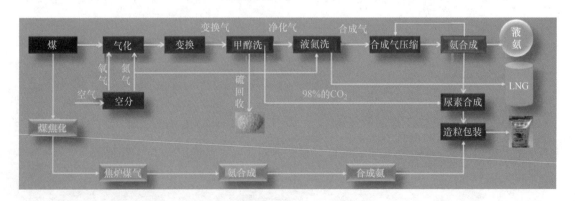

图 8-1　煤制合成氨原则工艺流程

现代煤化工合成氨煤的气化与其他工艺路线类似，本章不再详述。本章主要介绍空分、液氮洗、氨合成及尿素合成等装置。

一、空分装置

空分装置是现代煤化工各条工艺路线的重要装置，为全厂提供工艺所需的氮、氧等。煤制合成氨工艺因合成氨需大量的氮气，因此空分装置在本章进行详述，通过介绍其组成、工艺流程，分析其火灾危险性，提出相应的灭火救援对策和注意事项，以期对该类型事故处置提供参考。

（一）原理及装置组成

空分装置是以空气为原料，采用深冷分离精馏原理，利用氧、氮沸点不同，在低温条件下将空气中的氧气、氮气在空气压缩机中进行压缩分离，经分子筛除去水分、二氧化碳、碳氢化合物等杂质，生产出气氧、气氮、液氧、液氮的一套装置。空分装置主要包括压缩机组单元、预冷单元、纯化单元、制冷单元、换热单元、精馏单元、产品输送单元及后备单元。其装置如图 8-2 所示。

图 8-2　空分装置

（二）工艺流程

其工艺流程如图 8-3 所示。

原料空气通过空气过滤器进入空气压缩机升压后送入空气预冷和净化系统，脱除水分和碳氢化合物的净化空气进入冷箱进行空气分离。出冷箱的产品氮气一部分直接送往备煤装置，剩余氮气经氮气压缩机升压后送公用工程系统，出冷箱的产品氧气供煤气化装置使用。从冷箱抽出部分液氧液氮，送液氧液氮储存后备系统。

二、液氮洗装置

液氮洗装置配合低温甲醇洗装置在大型合成氨装置中属于经典流程，主要是通过低温液氮洗涤脱除经低温甲醇洗净化后合成气中的微量 CO_2、CO、CH_4 及甲醇等杂质，同时按照

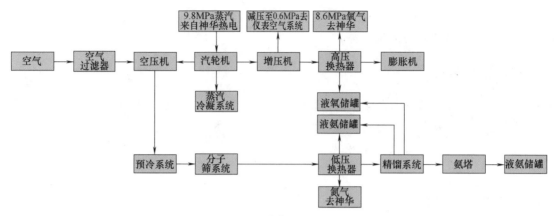

图 8-3　空分装置工艺流程

工艺的要求补入氮气组分，配氮使合成气中的氢、氮比达到 3：1，为合成氨提供合格的合成原料气，且充分利用冷量，减小冷箱内换热器的尺寸。

三、合成气压缩及氨合成工序

合成氨一般有低压、中压和高压合成技术，工业上一般采取低压合成技术，由合成气压缩、氨合成、冷冻等工序组成。来自净化装置、空分装置、氨合成工序的气氨按照其压力等级，分别送至氨压缩机的冷冻槽闪蒸罐缓冲后送至氨压缩机各段进口。经三级压缩至1.6MPa 后，经氨冷凝器冷凝后，液氨靠重力自流至液氨收集槽，溶解于液氨中的惰性气体在液氨收集槽分离，经弛放气急冷器冷却后排放至火炬。由液氨收集槽冷侧送出的氨进入氨合成工序进行闪蒸，为其提供冷量，制冷过程如此循环。正常工况下，由液氨收集槽热侧送出的热氨经热氨泵加压后送尿素装置。氨合成塔有立式和横式两种，如图 8-4 和图 8-5所示。

图 8-4　立式氨合成塔

冷冻工序向空分装置、低温甲醇洗装置及合成氨装置提供冷量。冷冻工序是将制冷剂通过制冷压缩机及辅机经过压缩、冷凝、节流、蒸发四个过程组成制冷循环，为用户提供冷

图 8-5 横式氨合成塔

量。工业上常用的制冷剂有氨、丙烯等介质，氨制冷技术适用于提供－35～－5℃冷量，国内合成氨厂普遍采用氨作制冷剂；丙烯制冷技术，适用于提供－45～－25℃冷量。常用的制冷压缩机种类有往复式、螺杆式、离心式等。

四、尿素合成装置

尿素合成装置主要包括 CO_2 压缩、尿素合成及大颗粒尿素装置。

（一）CO_2 压缩

二氧化碳压缩的主要任务是将来自脱碳装置的原料二氧化碳气体进行加压到尿素合成所需要的压力，并在压缩的过程中进行二氧化碳的催化脱氢，以满足尿素合成的需要。

（二）尿素合成装置

图 8-6 尿素合成装置

合成尿素是利用氨和二氧化碳为原料，在高压、高温下进行合成尿素的过程。塔内压力为 13.8～24.6MPa，温度为 180～200℃，反应物料停留时间为 25～40min，得到含过剩氨和氨基甲酸铵的尿素溶液，经减压降温，将分离出氨和氨基甲酸铵后的尿液蒸发到 99.5%以上，送往下一个装置。其装置如图 8-6 所示。

（三）大颗粒尿素装置

尿素合成装置一段工序蒸发出来的浓度约 99.5%（质量分数）的尿液经熔融尿素泵送到大颗粒尿素装置的流化床造粒器。37%（质量分数）浓度的甲醛溶液经甲醛计量泵送到熔融尿素泵的入口管线上，再送到造粒器喷头前甲醛与尿素反应形成尿醛溶液。含甲醛的原料尿液（浓度为 95.5%、温度 130℃），在约 0.6MPa（g）的压力下送到造粒器的主分配器集管。在造粒器内部，原料尿液被喷到尿素晶种流化层，湍流混合后形成大小均匀的尿素粒子。

第二节　煤制合成氨装置火灾危险性

一、物料危险性

煤制合成氨工艺路线除具有其他煤化工工艺路线所常见的危险物料外（如 H_2、CO_2、CO 等），其特殊介质主要为液氮和液氨。

（一）液氮

液氮（常写为 LN2），是氮气在低温下形成的液体形态。惰性，无色，无臭，无腐蚀性，不可燃。常压下，液氮温度为 -196℃；$1m^3$ 的液氮可以膨胀至 $696m^3$ 21℃的纯气态氮。人体皮肤直接接触液氮瞬间不会造成伤害，但超过 2s 会冻伤且不可逆转。

因此其主要危险性是汽化后有可能引发容器的物理性爆炸和对人体的冻伤。

（二）液氨

1. 物理化学性质

氨气是一种无色透明而具有刺激性气味的气体。极易溶于水，水溶液呈碱性。相对密度 0.60（空气=1），液态相对密度为 0.82，比水轻，临界温度 132.4℃，临界压力 11.2MPa，沸点 -33.5℃。气氨加压到 0.7～0.8MPa 时就变成液氨，同时放出大量的热，相反液态氨蒸发时要吸收大量的热，所以氨可作制冷剂，接触液氨可引起严重冻伤，因其价廉的特点在制冰和冷藏行业得到广泛使用。

2. 危险性

第 2、3 类有毒气体，8 类腐蚀品。火灾爆炸危险性类别为乙类。氨与空气混合到一定比例时，遇明火能引起爆炸，其爆炸极限为 15.5%～25%。

① 易燃易爆性。氨气与空气易形成爆炸性混合物，遇明火、高热会引起爆炸燃烧，爆炸极限为 15.5%～25%。若遇高热，存储容器内压力增大，有开裂和爆炸的危险。一旦发生爆炸性燃烧，将十分难以控制并带来灾难性后果，一旦泄漏，将造成极大的危害。氨与氟、氯、溴、碘等接触会发生剧烈的化学反应。

② 毒害性。氨气可通过呼吸道、消化道和皮肤引起人员中毒、灼伤，急性中毒轻度者出现流泪、咽痛、声音嘶哑、咳嗽、咯痰等；中度者症状加剧，出现呼吸困难、紫绀等；重度者可引发中毒性肺水肿，咳出粉红色泡沫痰、呼吸窘迫、昏迷、休克等，吸入一定的量能致人死亡。氨在空气中的最高允许浓度为 $30mg/m^3$。

③ 腐蚀性。空气中泄漏少量的氨会与水蒸气结合形成氨水雾，对设备、设施腐蚀性很大，在企业经常发现涉氨场所的设备锈蚀严重情况，如果维护不及时，设备、管道腐蚀到一定程度就会发生损坏，造成液氨泄漏事故。氨气溶于水时，氨与水结合形成一水合氨分子（$NH_3 \cdot H_2O$）。一水合氨是弱电解质，能发生部分电离生成铵根离子（NH_4^+）和氢氧根离子（OH^-），使氨水呈弱碱性。因此，在氨气泄漏事故救援处置过程中，若消防器材装备遇到氨水浸湿，氨水会对装备的材质产生碱性腐蚀作用。

二、工艺危险性

（一）空分装置

与烯烃分离装置相类似，冷箱是空分深冷换热的核心装置，一旦冷箱发生事故，将导致整套系统失衡，低温物料开始气化导致物理化学爆炸。

（二）合成氨、尿素合成装置

合成氨、尿素生产过程中主要有害、有毒物质为 H_2、CO_2、NH_3 等。二氧化碳、氢、氨等逸散是主要问题。氨合成及尿素合成装置，有易燃、易爆气体，氨合成塔、尿素合成塔等为高温、高压设备，为生产装置的主要防护对象。

液氨易腐蚀、易挥发，合成氨项目中将存有大量商品液氨，必须做好应急预案。

第三节　灭火救援处置及注意事项

氨大量存在于煤制合成氨生产工艺路线中，一是合成氨装置是发生事故概率较高的部位，存在大量的气态氨及液氨；二是液氨大量存储于半冷冻球形储罐中。氨一旦发生泄漏，既有可能对处置人员造成腐蚀毒害，又有可能发生爆炸，处置要求较高，同时氨也是该条工艺路线的特殊物料。本节主要围绕氨泄漏灾情，介绍相应的处置方法。

一、合成氨事故处置

（一）工艺处置

合成氨发生事故，工艺上除采取关闭上下游、紧急放空、注氮惰化等措施外，还应通过开启备用压缩机，保证氨制冷循环系统的运转，防止氨失去冷媒超压爆炸。

（二）消防处置

1.阵地设置

对受热辐射影响的压缩机等关键制冷设备，要设置水幕水带或水炮进行隔离冷却。根据现场灾情，阵地宜设置在上风、侧风方向。此外，应根据灾情进行围堰筑堤，防止液氨泄漏通过雨排进入地下水系统，腐蚀管道，增大事故处置难度，造成环境污染。

2. 稀释降毒

按照"先控制，后处置"的战斗原则，积极控制泄漏源，对泄漏到空气中的氨气进行稀释控制。

① 启用事故单位喷淋泵等固定、半固定消防设施。

② 稀释驱散，控制扩散，在泄漏源四周铺设屏障水枪阵地，控制氨气扩散范围。利用喷雾水枪对泄漏到空气中的氨气进行有效驱散和稀释，以降低氨气浓度和缩小污染范围。

③ 采用雾状射流形成水幕墙，防止气体向重要目标或危险源扩散。

④ 稀释不宜使用直流水，以节约用水、增强稀释降毒效果。

3. 化学中和

储罐、容器壁发生小量泄漏，可将泄漏的液氨导流至水或稀盐酸溶液中，使其进行中和，形成无危害或微毒废水。

4. 洗消处理

在危险区和安全区交界处设置洗消站，对中毒人员在送医院治疗之前进行洗消，现场参与抢险人员和救援器材装备在救援行动结束后要全部进行洗消。

二、氨的中毒防护措施

急性吸入性氨中毒时，迅速将中毒者脱离事故现场，移至空气新鲜处，注意保暖，解开领口，保持呼吸畅通，根据中毒者呼吸情况及时给予输氧（鼻管给氧、密闭口罩给氧或自动肺强制输氧）。

液氨、氨水溅入眼内，坚持自行、就地处理的原则，立即拉开下睑，使溅入物流出，避免眼睑闭合而使角膜全部受害，接着立即就地用盆水浸洗或流水冲洗，可一手拉下睑，将面部浸临水内，另一手拉开上睑，摇动头部洗掉飞溅入物。流水冲洗时也应拉开眼睑，水应冲在眼眶上部，使大量水经眼球流过，注意避免水直冲眼球。皮肤溅着而灼伤，应就地将溅落物立即尽量移除，并用大量清水冲洗，再用2％醋酸溶液洗涤中和，也可用2％硼酸水湿敷。

三、注意事项

（一）防爆、防毒、防冻

针对液氮、液氨等危险物料，在防爆的同时，要注重个人安全防护，采取相应措施做好防中毒、防冻伤工作。

（二）注重洗消

事故处置结束后，要对现场参与的抢险人员和救援器材装备进行全面洗消，防止器材腐蚀和对处置人员造成的二次伤害。

（三）注重环保

要重视对现场废水的处理，根据现场灾情，尽量避免大量射水，防止氨溶于水中对土壤、地下水等造成污染。

思　考　题

1. 简述煤制合成氨的工艺路线。
2. 煤制合成氨装置的火灾危险性有哪些？
3. 合成氨事故的处置要素有哪些？
4. 氨的中毒防护措施有哪些？

第九章

煤焦化/煤基多联产生产事故灭火救援

    煤的焦化是最早实现煤炭化工利用的生产途径，通过煤炭的焦化可以获得以冶金用焦炭、煤焦油以及焦炉煤气等为主的焦化产品，煤焦化属于传统煤化工的范畴，我国是目前世界上最大的焦炭生产国。传统煤焦化主要用于生产焦炭（兰炭），随着化学工业技术的不断发展和对环境保护要求的日益提高，目前煤焦化产业链主要向煤基多联产方向发展。煤基多联产前半工艺流程也是对煤进行焦化，与传统煤焦化工艺不同的是，对煤焦油和焦炉煤气进行分离、加氢等深加工，得到甲醇、硝酸铵、苯、酚、萘、蒽、菲等多种化工产品和原料，比传统煤焦化产业链附加值更高，更加环保。

    与本书其他章节内容相比，煤焦化属于现代煤化工范围，在一定时期内，该条产业链不仅存在于我国的主要煤化工产地，还遍布全国，需引起救援队伍的重视。此外，在该产业链中，焦油储罐、硝酸铵仓库事故的处置有其特殊性，也需引起关注。本章主要介绍煤焦化和煤基多联产的工艺路线，分析其火灾危险性，最后阐述相应的灭火救援技术和要素。

第一节　煤焦化/煤基多联产工艺路线概述

    煤焦化又称煤炭高温干馏，是以煤为原料，在隔绝空气条件下，加热到950℃左右，经高温干馏生产焦炭，同时获得煤气、煤焦油并回收其他化工产品的一种煤转化工艺。

    传统煤焦化工艺主要以制取焦炭为目的，随着环保要求的不断提高和工艺的发展，煤基多联产是对煤焦化副产的煤焦油、荒煤气进行更进一步的加工，得到甲醇、苯、酚等多种化工品的工艺路线。

    煤基多联产一般分为三步。

    一是煤焦化，其工艺流程为各单种煤按照一定的比例配合粉碎后，将煤捣固成煤饼。煤饼在焦化炉内经过高温干馏炼制成焦炭。在炼制焦炭的过程中，产生的荒煤气先后经过冷鼓工段、脱硫工段、硫铵工段、粗苯工段，通过冷却、吸收、蒸馏、置换、分离等一系列的过程，生产出焦油、硫黄、硫铵、粗苯等产品。

    二是焦炉煤气通过净化合成等生产甲醇。

    三是焦炉煤气中的副产氢气和空分装置的氮气进行合成氨生产进一步得到硝酸铵等产品。其原则工艺流程如图9-1所示。

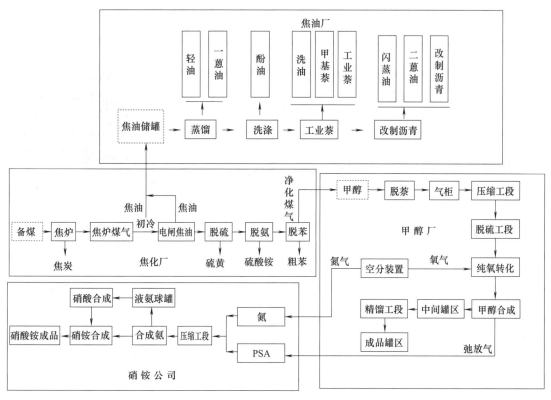

图 9-1 煤基多联产原则工艺流程

一、煤焦化工艺流程

煤干馏的过程中，当煤料的温度高于 100℃时，煤中的水分蒸发出；温度升高到 200℃以上时，煤中结合水释出；高达 350℃以上时，黏结性煤开始软化，并进一步形成黏稠的胶质体（泥煤、褐煤等不发生此现象）；至 400～500℃大部分煤气和焦油析出，称一次热分解产物；在 450～550℃，热分解继续进行，残留物逐渐变稠并固化形成半焦；高于 550℃，半焦继续分解，析出余下的挥发物（主要成分是氢气），半焦失重同时进行收缩；温度高于 800℃，半焦体积缩小变硬形成多孔焦炭。低温干馏固体产物为结构疏松的黑色半焦，煤气产率低，焦油产率高；高温干馏固体产物则为结构致密的银灰色焦炭，煤气产率高而焦油产率低。

煤焦化工艺一般采取捣固、高温干馏的方法制备焦炭，同时在炼焦过程中产生煤气、粗苯、煤焦油、硫铵等化工产品。煤干馏温度不同，将焦炭分为全焦和半焦。其中半焦又称兰炭，兰炭是一种新型的炭素材料，以其固定炭高、比电阻高、化学活性高、含灰分低、铝低、硫低、磷低的特性，已逐步取代冶金焦而广泛运用于电石、铁合金、硅铁、碳化硅等产品的生产，成为一种不可替代的炭素材料。

工艺流程如下：炼焦用的原料煤进入煤场，卸入受煤坑，用堆取料机取煤输送至配煤仓，通过电子配料秤按一定比例进行配煤、粉碎等作业将配合煤送至煤塔，用摇动给料机均匀给料，并用捣固锤分层捣实，后经装煤车将捣固配合煤送入炭化室，进行高温干馏，干馏后成熟的焦炭用推焦车推至拦焦车导焦栅落入熄焦车内，用熄焦车送至熄焦塔进行熄焦，晾焦后由皮带输送到筛焦楼，筛分后得到焦炭。干馏炉如图 9-2 所示。

图 9-2 煤焦化干馏炉

干馏后产生的荒煤气温度约 750℃，经上升管到桥管，然后到集气管，在此用循环氨水喷洒冷却到 80℃左右，再经初冷器间接冷却使煤气温度降至 22℃左右。以上冷却过程中产生的焦油、氨水进行静置分离后，氨水送至焦炉用于冷却煤气，剩余氨水送至蒸铵工段，进行蒸铵，蒸铵后获得浓氨水用于锅炉房的烟气脱硫。静置后的焦油输送至下一工段进行焦油深加工。

除去焦油的煤气经鼓风机加压送至硫铵工段用硫酸吸收煤气中的氨，生产硫酸铵；煤气进入粗苯工段用洗油吸收煤气中的苯，生产粗苯；煤气进入脱硫工段，用纯碱在复合型催化剂作用下脱除煤气中的 H_2S，并生产出硫黄；净化后的煤气一半送至下一工段制取甲醇，剩余部分用于焦炉加热。煤焦化工艺流程如图 9-3 所示。

二、煤焦油深加工

对煤焦油的深加工主要有物理方法和化学方法两种。物理方法主要指通过蒸馏、洗涤等得到苯、酚、萘、蒽、菲等油品。化学方法主要指对煤焦油进行加氢，打开分子链较长的烷烃，得到轻质油品的过程。

三、焦炉煤气深加工

（一）甲醇合成

由焦化来的焦炉气进入脱萘罐除去焦炉气中所含的焦油和萘等物质后进入气柜。经气柜储存的焦炉气而后被送入焦炉气压缩机。经压缩机加压后的焦炉气进入加热炉焦炉气加热段加热后进入两台预加氢罐，将部分有机硫加氢转化成为无机硫。然后进入一级加氢罐，对焦炉气中的有机脱硫进一步转化为无机硫，然后进入一级脱硫罐除去焦炉气中无机硫，剩余的部分有机硫经过二级加氢进一步转化后经二级脱硫罐脱除，使得出口总硫达到要求，然后送到转化工序。

经精脱硫后的焦炉气与一定比例的蒸汽混合后进入加热炉蒸焦预热段、蒸焦加热段加热后进入纯氧转化炉，与来自空分的氧气在纯氧转化炉中进行燃烧和转化反应，得到 CH_4 含量小于 0.5% 的转化气。转化气经由汽轮机带动的两台离心式压缩机加压后，送入合成工序。与合成塔管程内的催化剂床层进行反应，反应后的合成气经甲醇空冷器和甲醇水冷器进

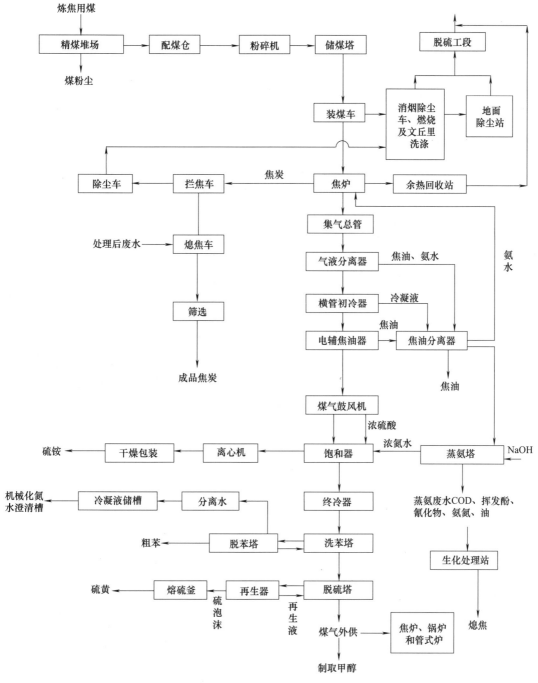

图 9-3 煤焦化工艺流程

一步冷却，通过分离冷凝工段得到精甲醇。

（二）硝酸铵合成

硝酸铵合成主要包括氨合成、硝酸合成及硝酸铵合成三段主要工序。

1. 氨合成

来自甲醇装置的弛放气进入变压吸附（PSA）中进行提纯氢气，得到含氢 99％以上的氢气；来自空分装置的含氮 99.99％的氮气经氮气压缩机加压至 3.0MPa 后，与氢气混合进入氢氮气压缩机压缩到≤15.0MPa 进甲烷化工序，在此，除掉气体中的含氧物质，得到的净化气进氨合成装置，在此工艺流程内一般采用低压合成工艺生产液氨。

2. 硝酸合成

来自上一工段的液氨在氨蒸发塔中蒸发进入氨氧化炉与氧气反应，生成 NO（温度850℃左右）和大量热量，NO 在冷却过程中转化为 NO_2，NO_2 与水反应生成硝酸。

3. 硝酸铵合成

制取多孔硝铵一般采用双加压法硝酸工艺，即中压氧化（氧化压力 0.45MPa），高压吸收（吸收压力 1.1MPa）。

来自本工序外的液氨进入氨储罐，然后液氨进入氨空气冷却器蒸发，气氨返回与液氨逆流（液氨进入液氨蒸发器，与循环水进行换热，然后气氨返回到氨储罐）。自氨储罐的气氨进入氨预热器，与工艺气体换热加热后进入管式反应器，同时来自本工序外的硝酸也进入管式反应器，气氨和硝酸进行中和反应，生成硝铵溶液进入反应器闪蒸槽。

气相从闪蒸槽顶进入中和气洗涤塔进行洗涤，除去硝铵后进入换热器回收热量，废热利用后变成冷凝液进入工艺冷凝液槽。自闪蒸槽底部出来的硝铵溶液进入初蒸发器受槽，同时，来自干燥洗涤液泵的硝铵溶液也进入初蒸发器受槽。两种浓度的硝铵溶液混合后，靠位差进入蒸发器，硝铵溶液被浓缩至 96％，蒸发器加热介质为中和洗涤气，96％硝铵溶液进入蒸发分离罐，溶液从罐底靠重力进入再熔槽。蒸发系统在负压状态下操作，由蒸汽喷射器和蒸发冷凝器造成真空，使硝铵溶液在负压下蒸发。

96％硝铵溶液自再熔槽底部出料（在搅拌作用下）至硝铵输送泵，将物料输送至塔顶受槽，在塔顶受槽中加入少量氨调节 pH 值，同时加入添加剂，在搅拌作用下，96％硝铵溶液进入造粒喷头，粒状硝铵自造粒塔顶落下，并与上升的空气逆流接触冷却，硝铵颗粒落入漏斗后至塔底输送皮带。

在制造高密度硝铵时，在再熔槽中的 96％的硝铵溶液经输送泵送至最终蒸发系统，硝铵溶液被浓缩到 99％后，靠重力落入塔顶受槽，在过滤、搅拌作用下，进入造粒塔进行造粒。粒状硝铵由造粒塔底输送皮带转送至预干燥皮带，然后进入干燥筒，干燥后的粒状硝

图 9-4 多孔硝铵成品

铵，经输送皮带进入斗式提升机。粒状硝铵经斗式提升机进入筛分机，不合格的硝铵粒返回到再熔槽，合格的硝铵粒进入沸腾冷却床，冷却后的产品经输送带进入包裹机。粒状硝铵与阻黏剂混合，形成一个包裹层（防止结块），经产品输送带送至包装工序，产品硝铵装袋后进入仓库。多孔硝铵成品如图 9-4 所示。

第二节　煤焦化/煤基多联产装置火灾危险性

一、物料危险性

（一）煤焦油

煤焦油属重质油品，易发生沸溢喷溅。煤焦油是煤在干馏和气化过程中副产的具有刺激性臭味、黑色或黑褐色、黏稠状的液体产品。煤焦油可作为原料，通过加氢精制、分馏等可得到轻质油品、酚油、洗油、萘油、蒽油、苯系物等。煤焦油一般储存在固定顶储罐中，由于其密度大于水，其静置后油水分离与其他物料不同，加之成分较为复杂，因此其火灾扑救及相应的注意事项具有特殊性，应给予足够重视，防止出现处置不当引发沸溢喷溅威胁现场救援人员安全。

原料煤种不同，热解工艺不同，所生产的煤焦油的组成和性质有较大差别。根据干馏温度和工艺的不同可得到以下几种焦油：低温（450～650℃）干馏焦油、低温和中温（600～800℃）发生炉焦油、中温（900～1000℃）立式炉焦油和高温（1000℃）炼焦焦油。煤焦油比水重，密度一般为 1.13～1.22g/cm^3。

高温煤焦油相对密度大于 1.0，含大量沥青，几乎完全是由芳香族化合物组成的一种复杂混合物，估计组分总数在 1 万种左右，从中分离并已认定的单种化合物约 500 种，其量约占焦油总量的 55%。

中低温煤焦油的组成和性质与高温煤焦油有较大差别，中低温煤焦油中含有较多的含氧化合物及链状烃，其中酚及其衍生物含量达 10%～30%，烷状烃约为 20%，同时重油（焦油沥青）的含量相对较少，比较适合采用加氢技术生产车用发动机燃料油和化学品。

（二）硝酸铵

硝酸铵（NH_4NO_3）是一种铵盐，强氧化剂，呈无色无臭的透明晶体或呈白色的晶体，极易溶于水，易吸湿结块，溶解时吸收大量热。熔点 169.6℃，沸点 210℃（分解），易溶于水、乙醇、丙酮、氨水等，不溶于乙醚。相对密度 1.72（水＝1）。受猛烈撞击或受热爆炸性分解，遇碱分解。

禁忌物：易燃或可燃物、烷烃、炔烃、卤代烷烃、芳香烃、胺类、醇类、乙醚、氢、金属、苛性碱、非金属单质、非金属氧化物、金属氢化物等。

硝铵固体为甲类强氧化剂，硝铵溶液为乙类。遇可燃物着火时，能助长火势。与可燃物粉末混合能发生激烈反应而爆炸。受强烈震动也会起爆。急剧加热时可发生爆炸，与还原剂、有机物、易燃物如硫、磷或金属粉末等混合可形成爆炸性混合物。对呼吸道、眼及皮肤有刺激性。接触后可引起恶心、呕吐、头痛、虚弱、无力和虚脱等。大量接触可引起高铁血红蛋白血症，影响血液的携氧能力，可出现头痛、头晕等现象。

二、工艺危险性

各工段可能发生火灾、爆炸的情况如下。

（一）PSA 提氢工段

弛放气、氢气、解吸气泄漏引发火灾爆炸；程控阀故障空气进入系统引发火灾爆炸；高压的弛放气进入低压吸附系统引发超压事故；压缩机入口负压空气进入系统引发火灾爆炸等。

（二）综合压缩工段

设备管道密封不严氢气泄漏遇火源引发火灾爆炸；压缩机超温超压引发火灾爆炸事故；安全阀排气未引至安全场所积聚引发火灾爆炸。

（三）氨合成工段

合成气泄漏遇火源引发火灾爆炸事故；合成塔的热量不能及时移走引发超温事故；合成气压力过高引发超压爆炸事故；氨冷器、闪蒸罐、液氨换热器未设置泄压设施引发超压爆炸事故。

（四）硝酸工段

氨的爆炸极限为 15.7%～27.4%，氨空混合气中氨的含量超过 12%，可能达到氨空混合物的爆炸极限，在氧化炉内的高温操作条件下易发生化学爆炸。

气氨中有液氨带至氧化炉，高温气化后体积增大约 908 倍，造成氧化炉的超压爆炸。

氧化炉内反应温度若低于规定的指标，可大大降低氧化率，使氨气过剩，与氧化氮反应生成硝酸铵，若操作温度低于 315℃时，一氧化氮可促使硝酸铵分解成亚硝酸铵，而亚硝酸铵是极不稳定的物质，容易在炉内发生爆炸。

液氨压力升高、氨预热器蒸汽压力温度过高导致液氨过量汽化引起超压爆炸事故。

（五）硝酸铵工段

管式反应器氨气流量失控，反应热量积聚且无相应的泄压设施引起超压爆炸事故；闪蒸槽压力过高引发超压爆炸事故；硝酸铵在高温、高压和易氧化物质存在下易发生爆炸，如混入有机物杂质时或与硫、磷、还原剂相混时，都有燃烧爆炸的危险。

硝酸铵造粒时硝铵粉尘易与空气形成爆炸性混合物，遇能量发生爆炸；在硝酸铵的储存或输送过程中，若混入有机物，经撞击或摩擦等机械作用可能发生爆炸等。

（六）氨库工段

氨气的泄漏达爆炸极限引发爆炸事故；液氨储存温度过高引发超压爆炸事故；液氨储罐未设置泄压设施引发超压爆炸事故；液氨管路上未设置泄压设施液氨汽化超压引发爆炸事故；液氨储罐液位过高发生事故等。

<h1 style="text-align:center">第三节 灭火救援处置及注意事项</h1>

一、煤焦油储罐灭火救援

（一）煤焦油储罐结构

煤焦油储罐一般为固定顶，但与常规固定顶储罐不同，由于其油水分离后"水在上、油在下"，因此需要设置顶部排水阀进行罐内排水。此外焦油在储存过程中易黏结，堵塞阀门或管道，因此在我国北方企业该类型储罐罐底部一般设有蒸汽伴热。其结构示意如图 9-5 所示，其排水阀如图 9-6 所示。

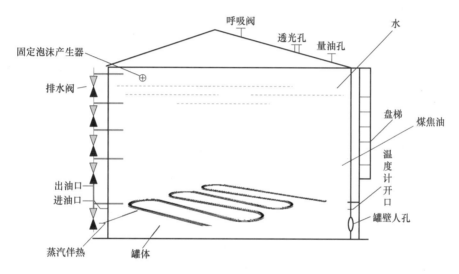

图 9-5 焦油罐结构示意

(a) 罐体排水阀

(b) 罐底排水阀

图 9-6 焦油罐排水阀

（二）煤焦油储罐事故形式及防控理念

1. 事故形式

在企业正常的生产过程中，煤焦油的进料出料、采用精制法脱水时（用蒸汽间接加热到80～85℃后静置36h，从罐顶进行排水），在此期间油水并未分层，储罐中焦油挥发的硫化物易腐蚀槽壁上部和顶部，生成在较低温度下极易自燃的硫化亚铁，若罐内有爆炸性混合气体（焦油槽内低闪点的挥发物与空气的混合物）形成，在硫化亚铁自燃时可能发生燃爆。

此外储罐的法兰、阀门、管道等因安装、检修质量不良及受腐蚀、老化等影响，造成焦油泄漏，遇点火源也有可能引发火灾爆炸。

2. 防控理念

煤焦油储罐的火灾防控理念是根据煤焦油的理化性质及其储罐结构决定的。煤焦油属于重质油品且比水重，因此在静置情况下油水分层形成了"水封"，有效避免了油气空间的产生，火灾风险相对较低。然而，煤焦油储罐一旦发生火灾，由于煤焦油蓄热能力较强且成分较为复杂，用B类泡沫覆盖极易发生复燃，因此推荐使用抗烧能力相对较强的氟蛋白泡沫进行处置。更为重要的一点是，重质油品储罐若不及时排水，将有可能导致沸溢喷溅，而该储罐类型的排水与常规储罐又有所不同，因此火灾状况下排水的应用将是处置该类型事故的重点与难点。

（三）火灾扑救对策

1. 侦察检测

① 着火罐实际储油量、储罐油面高度。

② 工艺流程情况及已经采取的工艺措施。

③ 了解罐内储物介质的基本情况，例如温度、含水率等。

④ 固定和半固定消防设施完好情况及启动情况。

⑤ 前往中控室，利用DCS系统实时监控事故罐区的液位、压力、温度等情况。

2. 灭火措施

① 工艺处置。立即停止罐体底部的蒸汽盘管加热。着火罐邻近罐油品液位处于排水阀以下时，随时准备进行注油操作抬升液面进行排水。

② 利用半固定泡沫灭火设施。现场指挥员到达现场后，应对该罐区的固定-半固定泡沫灭火系统效能进行评估研判，如其采用横式泡沫比例混合器或管线设置错误、无半固定接口等情况时，应果断放弃半固定泡沫灭火设施。

③ 注氮惰化窒息。通过进出物料管线、量油孔、氮封系统等，利用企业自备氮气系统、干粉车（泡沫干粉联用车）氮气瓶组向储罐内注氮达到惰化保护、窒息灭火的作用。

④ 高喷车灭火。在罐盖撕裂处沿内罐壁顺风方向注入泡沫，直至罐内泡沫覆盖层完全覆盖灭火。严禁向撕裂处正面油面注入泡沫。

⑤ 灭火药剂核算。利用半固定泡沫灭火系统、高喷车向罐体注入泡沫时，要选用氟蛋白泡沫，且应进行药剂核算。至少按核算泡沫原液量的1.5倍进行准备，保证持续供液时间。

（四）注意事项

① 排水作业。现场处置人员进行排水作业时应在厂方工艺人员的配合下进行，实时与

中控室内监控哨保持联系，切忌直接打开液位最低的排水阀，导致煤焦油泄漏引发流淌火扩大灾情。

② 灭火药剂应一次调集充分。切忌在未进行泡沫液核算的情况下直接出泡沫灭火，第一到场力量应先出水对临近罐、着火罐罐壁进行冷却。因为煤焦油蓄热能力较强，若不增加泡沫供给时间，有可能发生复燃，且喷射入罐的泡沫含有大量水分，有可能加剧沸溢喷溅的产生。

③ 应第一时间关闭现场雨排。要及时关闭防火堤雨排，保持事故防火堤 1/5 水封液位，防止储罐油品外溢、沸溢以及消防废水造成污染。

④ 安全防护。现场应设置安全观察哨，提前制订撤离路线统一紧急避险信号，一旦发生沸溢喷溅征兆，如火焰变白发亮、罐体震动等情况立即发出撤离信号，所有参战人员立即撤离。

二、硝酸铵处置

其他装置或部位发生事故时，在现场研判的基础上，评估火势、灾情对硝酸铵仓库的影响。有条件时，要及时进行转移，无条件时，要设立阵地对仓库进行保护。

硝酸铵仓库发生火灾，处于初期时，救援人员做好个人安全防护，提前制订好撤离路线，尽量选取防火防爆墙等作为掩体，避免处于泄压面。切勿将水注直接射流至熔融物，以免引起严重的流敞火灾或引起剧烈的沸溅。

遇较大或较严重灾情，失去救援条件，尽快评估影响范围，做好周边群众的疏散工作。

思　考　题

1. 简述煤焦化/煤基多联产的工艺路线。
2. 硝酸铵的理化性质是什么？
3. 简述焦油储罐的灭火救援要素。

第十章

煤化工事故处置力量编成与调集

与城市火灾相比，石化、煤化工火灾具有热辐射强、处置时间较长及对泡沫等灭火药剂要求较高的特点，目前我国还缺乏专门针对石化和煤化工火灾消防站建设的指导意见或标准，许多企业按照城市消防站建设标准来进行车辆器材装备的配备，实战效果有待增强。本章主要针对石化、煤化灾情特点，介绍相关的车辆装备配备及编成方法，供读者参考。

国内石化相关规范针对石化装置区仅设有水系统，无泡沫灭火设施，储罐区也仅针对储罐本身灾情设置泡沫灭火系统、水喷淋系统，没有考虑管线流淌火、防火堤池火、热油泵房及阀门、法兰泄漏等灾情，主动设防等级、范围低。因此针对石化、煤化企业在火灾防控的空白点和薄弱点，如生产装置、罐区设防等级低以及固定消防设施效能差等情况，必须通过加强移动消防力量和装备建设，弥补火灾防控的先天不足。通常情况下，企业固定泡沫灭火系统按照初期火灾30min考虑，企业专职消防队按照初期火灾（火灾持续时间：30min）考虑，专业消防队伍按照30min控制时间、30min延续时间考虑。

一、车辆配备

（一）车辆编成

由于石油化工、煤化工企业生产原料、中间品、成品以及反应催化剂、引发剂等危险特性，各类反应塔、釜、器、炉、泵、罐及管廊、框架、平台等工艺布局，生产过程高温高压、低温深冷、临氢高毒、空速相变等反应特点，发生事故灾情的种类各异，涵盖塔炉高位火灾、装置立体火灾、地面流淌火及池火、储罐密封圈及全液面火灾、管廊泄漏火灾、高温液体火灾、低温液体火灾、可燃气体火灾、固液混合火灾、遇水遇湿易燃易爆火灾等。针对不同灾情处置的技战术需要，立足难控灾情，确定车辆的种类及编成。

1. 主战编成

如表10-1所示。

表10-1 石化、煤化火灾车辆主站车辆配置参考表

灾　情	车辆配备	备　注
难控灾情	大流量泡沫车、18m高喷车、高喷车、高倍数泡沫车、干粉车或水-泡沫-干粉联用车等主战车辆	承担强攻灭火、冷却保护、稀释分隔等攻坚任务

续表

灾　情	车辆配备	备　注
各类装置框架、管廊火灾	18m 高喷车	无需展开支腿即可出水,灵活机动
针对塔、釜、器、炉、泵、罐等高位火灾	不同高度高喷车	乙烯精馏塔、粉煤气化厂房高度均超过 100m,加之受装置联合布局影响,只有配备高喷车才能达到灭火需求
煤制气-LNG 企业,处置低温 LNG 储罐管线、码头、气化及装卸站台发生泄漏或火灾事故	高倍数消防车	
液化烃及气体火灾	ABC 干粉车	干粉车既可是喷射干粉单一功能,也可水-泡沫-干粉联用车
生产聚烯烃的引发剂(三甲基铝、三乙基铝等)	D 类干粉车	

2. 保障编成

针对难控灾情及长时间作战需要,配备供气车、供液车、照明车、远程供水系统等保障车辆,承担供水、供液、供气、照明等任务。

3. 专勤编成

针对特殊灾情处置需要,配备侦检车、防化洗消车、化学抢险车等保障车辆,承担侦检、堵漏、洗消、抢险等任务。

煤制气-LNG:普通泡沫车+高倍数泡沫车+高喷车+干粉车+抢险车+泡沫输转车+远程供水系统。

煤制油:普通泡沫车+高喷车+干粉车+供气车+抢险车+洗消车+泡沫输转车+远程供水系统。

煤制烯烃:普通泡沫车(B类泡沫和抗醇性泡沫)+高喷车+干粉车(ABC 干粉和 D 类干粉)+供气车+洗消车+抢险车+泡沫输转车+远程供水系统。

煤制乙二醇:普通泡沫车(抗醇性泡沫)+高喷车+干粉车+供气车+洗消车+抢险车+泡沫输转车+远程供水系统。

煤油共炼:普通泡沫车+高喷车+干粉车+供气车+洗消车+抢险车+泡沫输转车+远程供水系统。

煤制合成氨-尿素:普通泡沫车+高喷车+干粉车+供气车+洗消车+抢险车+泡沫输转车+远程供水系统。

煤制焦油-兰炭:普通泡沫车(B类泡沫和抗醇性泡沫)+高喷车+干粉车+供气车+洗消车+抢险车+泡沫输转车+远程供水系统。

(二)功能及性能

1. 泡沫消防车

① 消防泵优选双叶轮离心式常压泵,泵流量 100~166L/s。

原因：化工火灾燃烧速度快、面积大、热值高、辐射热强，灾情瞬息万变，一秒一个变化，一旦初期控制不力，极易导致泄漏变火灾、火灾变爆炸、爆炸至连锁、连锁至失控，泡沫灭火强度需求大，只有配备大功率、大流量、远距离、长干线的车辆才能压制火势，同时确保作战安全。根据实战经验，石化、煤化灭火救援车辆泵流量至少达到 $100\sim166$L/s。

从技战术角度考虑，5×10^4m³ 内、外浮顶储罐泡沫产生器为 8 个，单个产生器流量一般为 8L/s，利用半固定系统注入泡沫时总流量为 64L/s，考虑压力平衡和流量损失，只能选一辆 100L/s 泡沫车才能满足注入泡沫的需求；以此类推，10×10^4m³ 以上外浮顶罐，应选用泵流量 166L/s。

② 泡沫比例混合器优选全自动负压式比例混合器。

原因：全自动比例混合器，操作便捷。半自动或手动比例混合器，需驾驶员根据前方喷射器具数量、流量，经过叠加计算后才能确定，对驾驶员操作技能要求高。车载泡沫罐内泡沫用尽后，一般通过供液车加注泡沫保证连续供给，这也会导致泡沫液遇空气提前发泡，泡沫混合液比例不准。负压式比例混合器，在罐内泡沫用尽后，可通过外吸口一边吸液一边出泡沫，从而避免了上述问题。

③ 车辆比功率越大越好，发动机功率与轴功率之比为 $1.15\sim2$ 为宜。

原因：比功率越大，车辆动力性能越好，加快度越快，最高速度越大。轴功率是在一定流量和扬程下，发动机通过传动轴将动力传给泵叶轮的功率，单位是 kW。实战中，发动机功率除满足消防泵需求外，还应留有 15%～20% 的富余功率，即发动机功率与泵需求功率之比为 $1.15\sim1.2$ 为宜，确保发动机在中负荷运转时就能满足消防泵工作需求。

④ 车辆具有电动、气动、手动三个操作功能，并随车配备相关应急工具（如扳手等），紧急情况下可通过操作气动阀或打开手动开关实施应急出水。

⑤ 车头及底盘应带自保系统，发生流淌火时防止热辐射对车辆造成损害，同时在可燃、有毒气体泄漏等现场能起到驱散稀释的作用。

2. 举高类消防车

① 石化、煤化事故处置优选高喷消防车，不宜选择登高平台车和云梯车。

原因：石化火灾形式多为爆炸和燃烧，灭火强度大，作战时间较长，涉及救援的方面相对较少。登高和云梯消防车主要用于救援，车载水、泡沫量较少且泵流量、臂架炮流量也较小，不推荐针对石化火灾进行配备。

② 根据石化、煤化火灾特点，配备"高中低"结构不同的高喷车，作业高度和水平延展均要达到相关要求。针对框架、管廊火灾扑救，配备 18m 高喷车；针对塔、釜、器、炉、泵、罐等设备高位火灾扑救，装置联合框架跨障灭火，$3\times10^4\sim5\times10^4$m³ 内浮顶、固定顶罐呼吸阀、量油口、通风口（帽）灭火需要，配备 56～72m 高喷车，作业高度 56～72m、横向跨度 25～30m（56m 高喷车水平最大作业幅度≥25m，60m、72m 高喷车水平最大作业幅度≥30m）。特别是利用高喷车从罐顶漫流冷却内浮顶罐、固定顶罐，冷却效果最佳。就高喷车选型而言，56m 以上高喷车应选伸缩折叠臂车（曲折臂车），主臂和辅臂折叠式展开，主臂伸缩臂举升 3～4 节，辅臂水平延伸 3 节，横向延伸能力强，满足最大举升高度和最大水平延伸灭火战术实施。

③ 设置应急操作系统，当油泵和电控系统失效，能通过应急液压泵和投阀操作收卸伸

展臂，便于阵地调整。

④ 消防车泵、泡沫比例混合器、底盘喷淋、臂架炮及比功率、轴功率等性能参数，参照泡沫消防车要求。

3. 干粉消防车

① 氮气瓶组的输气管线为双路设计，经过减压后并线进入干粉罐内，确保干粉最大程度沸腾。减压阀为自动减压，压缩氮气总量不少于900L。

② 建议改装应急注氮系统。氮气瓶组总进气口加装减压装置，可根据需要快速调压，配备氮气软管和相应的注氮接头，如钩形、锥形、十字孔、软管等，调至0.09～0.17MPa时，用于对受火势影响的管线、储罐进行惰化保护；调至0.4～0.9MPa时，用于对着火储罐进行窒息灭火。

（三）载液配比

根据理论推算和实战经验，按照30min处置要求，泡沫车（泵流量100 L/s）载泡沫量不少于6t、泡沫车（泵流量166 L/s）载泡沫量不少于10t、18m高喷车载泡沫量不少于10t、56m以上高喷车载泡沫量不少于3t，所有车辆载水与载泡沫宜按照1∶1配比。考虑长时间作业需要，增加灭火延续时间（超过1h），配备泡沫输转车，用于长时间灭火泡沫液二次供给。干粉车通常载干粉量不少于3t。

二、器材配备

针对煤化工火灾特点，从防火、防毒、防腐、防冻、防灼伤、防同位素辐射的"六防"角度，加强个人防护装备配备，重点配齐"6服2器"，即灭火防护服、隔热服、避火服、防化服（特级、一级、二级）、防冻服、防辐射服和空气呼吸器、氧气呼吸器。特别是发生有毒气体泄漏，如硫化氢、煤气、氨气等，尽量佩戴氧气呼吸器，保证2～4h连续救援。

① 攻坚用移动消防炮：流量70～80L/s，可喷射水和泡沫，具备开花、直流两种射流形式，主要用于扑救流淌火、池火和油泵房火灾。

② 冷却用移动消防炮：流量30L/s，电动或水力自摆炮，具备直流、喷雾两种射流形式，主要用于装置、油罐、液化烃罐冷却，要求流量小、布点多。

③ 电控遥控炮：流量40L/s，可远程操作控制，主要作为空缺补点用，即在移动炮冷却阵地布置好后，如果存在二次风险，补充设置电控炮，外围操作，人员不轻易进入。

④ （屏障）水幕水枪：用于形成水幕保护消防车，压缩制冷系统、冷箱、全冷、半冷冻储罐及管线、复叠式压缩制冷系统（冰机）、BOG循环制冷系统，避免高温热辐射影响。

⑤ 泡沫钩管：针对流淌火、池火扑救需要，配备不同型号的泡沫钩管及辅助固定设施。

⑥ 高倍数泡沫产生器：针对液化烃码头、低温液化烃罐区（乙烯、丙烯等）、LNG接收站及煤制气LNG储罐等，要配备应对低温液体泄漏或火灾的高倍数泡沫产生器，推荐水轮驱动、叶轮防爆。

⑦ 配备临时应急注氮装置，配齐氮气软管和注氮接头，可外接氮气瓶组，针对现场需要实施氮气窒息、抑制、惰化。

⑧ 抢险救援车应配备警戒、侦检、破拆、防护、照明、输转、堵漏等器材，具备车载牵引、起吊、照明等功能。

⑨ 其他：还应配备多功能减坐力水枪、PQ8、PQ16 泡沫管枪等。

针对装置、罐区流淌火、池火扑救及储罐冷却需要，一个基本作战单元的枪炮编成为"131433"，即 1 门大流量攻坚炮、3 门自摆炮、1 门电控炮、4 个水幕水枪、3 个泡沫钩管、3 支泡沫枪。针对一个中等规模石化企业，移动消防力量至少编配 3 个作战单元，即：3 门大流量攻坚炮＋9 门自摆炮＋3 门电控炮＋12 个水幕水枪＋9 个泡沫勾管＋9 支泡沫枪。

三、药剂配备

药剂主要有（氟）蛋白泡沫、水成膜泡沫、抗醇性泡沫、高倍数泡沫等。

（氟）蛋白泡沫主要用于扑救原油、成品油、苯等非水溶性液体火灾，（氟）蛋白泡沫的抗烧性能比水成膜泡沫强，特别是氟蛋白泡沫含氟碳表面活性剂，抗烧性最好，但对泡沫罐和泵的腐蚀大。

水成膜泡沫主要用于扑救原油、成品油、苯等非水溶性液体火灾，相比（氟）蛋白泡沫，水成膜泡沫的延展性、流动性更好。

抗醇性泡沫分为氟蛋白抗醇性泡沫、水成膜抗醇性泡沫，主要用于扑救醇、酯、醚、酮、酚、醛等水溶性液体火灾，这类液体对泡沫具有较强的脱水性，会使泡沫破裂而失去灭火效能。

高倍数泡沫主要用于应对 LNG、低温乙烯、低温丙烯等液化烃液体泄漏或火灾。

根据处置对象，选配非水溶性泡沫、抗醇性泡沫、高倍数泡沫、ABC 和 D 类干粉灭火剂。针对原油、成品油、苯等，配备水成膜泡沫；针对热渣油、煤焦油等，热值高、蓄热能力强，配备抗烧性能强的氟蛋白泡沫；针对煤化工中常见的醇、酯、醚、酮、酚、醛等，配备抗醇性泡沫；针对 LNG、乙烯、丙烯等低温液化烃，配备高倍数泡沫；针对液化烃及可燃气体火灾，配备 ABC 干粉；针对石化、煤化生产聚烯烃工艺的三乙基铝等引发剂，配备 D 类干粉灭火剂。

1. 要素一：泡沫选型

针对不同处置对象的泡沫要统一种类、倍数、比例，否则泡沫效能会相互抵消，影响覆盖效果。固定泡沫灭火系统，主要针对初期火灾，油温不高，可考虑配备 3％型泡沫；移动消防装备，主要针对发展阶段火灾，油温高，应选 6％型泡沫，泡沫壁厚、抗烧性好。

2. 要素二：适用范围

考虑难控灾情处置和灭火延续时间，除车载泡沫具备 30min 初期火灾扑救外，还应按照 1∶1 比例储存备份泡沫。通常情况下，一个中等规模化工企业，按照"30min 控制灾情＋60min 延续处置"的要求，车载泡沫量应不少于 50t、供液车及备用泡沫不少于 50t，总泡沫量不少于 100t。

3. 要素三：泡沫储备

抗醇性泡沫都要配备。但鉴于泡沫使用周期，可多配 B 类泡沫、少配抗醇性泡沫，紧急情况下可将 B 类泡沫混合比调至 8％，达到抗醇性泡沫效果。

四、注意事项

遇有下列情况时，要优化调整作战编成，增加车辆、装备、药剂配置基数。

① 生产、储存过程中涉及渣油、煤焦油等介质，因其燃烧热值高、蓄热能力强，高温油品对泡沫的破坏性大，难以形成高效覆盖，火灾扑救时间较长。针对此类情况，要按照1～2倍系数加大泡沫供给强度，增加泡沫车、高喷车数量及车载泡沫药剂配备。

② 生产、储存过程中涉及甲醇、粗酚、乙二醇等水溶性介质，易造成泡沫水解，破坏覆盖效果。针对此类情况，要按照1～2倍系数加大泡沫供给强度，增加泡沫车、高喷车数量及车载抗醇性泡沫配备。

③ 煤化企业通常距离城市较远，水资源缺乏，灭火救援力量要立足于自身处置。周边可依托救援力量必须为同类型队伍，城市消防站及电厂、粮棉油等专职队在训练、车辆、装备、药剂等方面均与化工类不同，不能视为同类型队伍并作为增援力量，即依托力量不对称。针对上述2种情况，要在常规编成基础上增加系数。

④ 考虑地震、海啸、战争或反恐、雷雨天气等极端因素，以及孤岛型、悬岛型地区，要在常规编成基础上增加系数，提高车辆装备等级。因为这类灾情一旦出现，就直接升级为失控、极端灾情，处置难度大、风险高、车辆装备和技战术要求高。

思 考 题

1. 简述按城市消防站标准配备针对煤化工火灾的车辆装备有哪些弊端。
2. 简述针对煤化工事故处置的车辆配备标准。
3. 简述针对煤化工事故处置的器材配备标准。
4. 简述针对煤化工事故处置的药剂配备标准。

参 考 文 献

[1] 罗永强等. 石油化工事故灭火救援技术 [M]. 北京：化学工业出版社，2017.

[2] 唐宏青. 现代煤化工新技术 [M]. 北京：化学工业出版社，2015.

[3] 亢万忠. 煤化工技术 [M]. 北京：中国石化出版社，2016.

[4] 汪建新等. 煤化工技术及装备 [M]. 北京：化学工业出版社，2015.

[5] 侯侠等. 煤化工生产技术 [M]. 北京：中国石化出版社，2012.

[6] 谢安全等. 煤化工安全与环保 [M]. 北京：化学工业出版社，2016.

[7] 公安部消防局. 危险化学品事故处置研究指南 [M]. 武汉：湖北科学技术出版社，2010.

[8] 李建华. 灭火战术 [M]. 北京：中国人民公安大学出版社，2014.

[9] 康青春等. 灭火救援行动安全 [M]. 北京：化学工业出版社，2015.

[10] 郭铁男等. 中国消防手册. 第九、十卷 [M]. 上海：上海科学技术出版社，2006.

[11] 郭铁男等，中国消防手册. 第十一卷 [M]. 上海：上海科学技术出版社，2007.

[12] GB 50160—2008，石油化工企业设计防火规范 [S].

[13] GB 50151—2010，泡沫灭火系统设计规范 [S].